21 世纪全国本科院校电气信息类创新型应用人才培养规划教材

MATLAB 基础及实验教程

主　编　杨成慧

副主编　孙永龙　许　燕　陈　英

北京大学出版社

PEKING UNIVERSITY PRESS

内 容 简 介

本书根据实际需要，系统地介绍了数学软件 MATLAB 7.0 的基本功能，包括数值计算功能、符号运算功能和图形处理功能等，并在此基础上精心设计了丰富的实例，并且还有一些导入案例、知识拓展和 MATLAB 实验，这样可以更好地拓展知识，提高读者的实践应用能力。同时本书还介绍了 MATLAB 7.0 在科学计算中的一些应用。

本书内容由浅入深，简单易学，适用于 MATLAB 软件的自学者，并且特别适合作为高等院校的教材使用。

图书在版编目(CIP)数据

MATLAB 基础及实验教程/杨成慧主编. —北京：北京大学出版社，2014.1
(21 世纪全国本科院校电气信息类创新型应用人才培养规划教材)
ISBN 978-7-301-23022-0

Ⅰ. ①M⋯ Ⅱ. ①杨⋯ Ⅲ. ①MATLAB 软件—高等学校—教材 Ⅳ. ①TP317

中国版本图书馆 CIP 数据核字(2013)第 187353 号

书　　　名：MATLAB 基础及实验教程
著作责任者：杨成慧　主编
策 划 编 辑：程志强
责 任 编 辑：程志强
标 准 书 号：ISBN 978-7-301-23022-0/TP · 1302
出 版 发 行：北京大学出版社
地　　　址：北京市海淀区成府路 205 号　100871
网　　　址：http://www.pup.cn　　新浪官方微博：@北京大学出版社
电 子 信 箱：pup_6@163.com
电　　　话：邮购部 62752015　发行部 62750672　编辑部 62750667　出版部 62754962
印 刷 者：北京宏伟双华印刷有限公司
经 销 者：新华书店
　　　　　　787 毫米×1092 毫米　16 开本　18 印张　414 千字
　　　　　　2014 年 1 月第 1 版　2016 年 3 月第 2 次印刷
定　　　价：36.00 元

前　言

　　MATLAB 源于 Matrix Laboratory 一词，原为矩阵实验室的意思。它的最初版本是一种专门用于矩阵数值计算的软件。随着 MATLAB 的逐步市场化，其功能也越来越强大，特别是本书介绍的 MATLAB 7.0。

　　MATLAB 除了具备卓越的数值计算能力外，还提供了专业水平的符号计算、文字处理、可视化建模仿真和实时控制功能。

　　MATLAB 因其具有强大的数学运算能力、方便实用的绘图功能，以及语言的高度集成性，在其他学科与工程领域的应用越来越广泛。到目前为止，MATLAB 已发展成为国际上最优秀的科技应用软件之一，其强大的科学计算与可视化功能、简单易用的开放式可扩展环境，以及多个面向不同领域而扩展的工具箱(Toolbox)支持，使得它在许多学科领域成为计算机辅助设计与分析、算法研究及应用开发的基本工具和首选平台。

　　MATLAB 目前主要应用于信号处理、控制系统、神经网络、模糊逻辑、小波分析和系统仿真等方面，可利用 MATLAB 进行数值分析、数值和符号计算、工程与科学绘图、控制系统的设计与仿真、通信系统的设计与仿真、数字(音频、视频)信号处理、数字图像处理、财务与金融工程计算等。

　　目前，MATLAB 已经得到相当程度的普及，它不仅成为各大公司和科研机构的专用软件，在大学校园也得到了普及，许多本科和专科的学生借助它来学习大学数学和计算方法等课程，而硕士生和博士生在进行科学研究时，也经常要用 MATLAB 进行数值计算和图形处理。可以说，MATLAB 软件在大学校园已经有了相当的普及，它已经深入到了各个专业的很多学科。

　　本书主要介绍 MATLAB 7.0 的基本功能，包括 MATLAB 7.0 在数值计算、符号运算和图形处理方面的常用功能。全书共分为 10 章，第 1 章介绍 MATLAB 操作基础；第 2 章介绍 MATLAB 矩阵及其运算；第 3 章介绍 MATLAB 程序设计；第 4 章介绍 MATLAB 文件操作；第 5 章介绍 MATLAB 符号运算；第 6 章介绍 MATLAB 绘图；第 7 章介绍 MATLAB 在自动控制中的应用；第 8 章介绍 MATLAB 图形句柄；第 9 章介绍 MATLAB 图形用户界面设计；第 10 章介绍 Simulink 动态仿真集成环境。本书简单易学，案例丰富，适合广大的大学生和自学者使用，具有很强的实用性。

　　本书由西北民族大学杨成慧担任主编，西北民族大学孙永龙、许燕和辽宁工程技术大学陈英担任副主编。范鸿杰等也参与了编写工作。

　　本书在编写过程中参考了一些资料，在此对这些资料的作者深表感谢。由于时间仓促以及作者水平有限，书中难免存在不足之处，欢迎广大读者批评指正。

编　者

2013 年 7 月

目　录

第 **1** 章

MATLAB 操作基础

MATLAB 语言简洁紧凑，使用灵活方便，库函数极其丰富；既具有结构化的控制语句，又具有面向对象的编程特性，程序的可移植性好。MATLAB 因其强大的功能和诸多的优点，在各个学科和领域得到了广泛的应用。自 20 世纪 80 年代以来，出现了科学计算语言，亦称数学软件，比较流行的有 MATLAB、Mathematica、Mathcad、Maple 等。目前流行的几种科学计算软件各具特点，而且都在不断地发展，新的版本不断涌现，但其中影响最大、流行最广的当属 MATLAB 语言。MATLAB 的迅速发展使其成为一种集数值运算、符号运算、数据可视化、图形界面设计、程序设计、仿真等多种功能于一体的集成软件。

本章首先介绍 MATLAB 的由来、发展和主要功能，然后介绍 MATLAB 软件环境的使用。通过本章的学习，读者将对 MATLAB 语言的特点有一个感性认识，为今后的学习奠定基础。

教学要求: 了解 MATLAB 的发展历史、特点和功能，了解 MATLAB 工具箱的概念及类型，重点掌握 MATLAB 主界面各窗口的用途和操作方法。

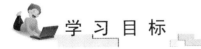 学 习 目 标

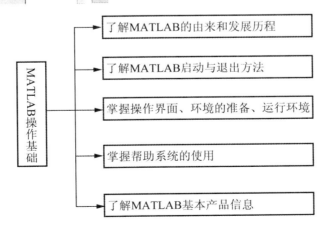

- 了解MATLAB的由来和发展历程
- 了解MATLAB启动与退出方法
- 掌握操作界面、环境的准备、运行环境
- 掌握帮助系统的使用
- 了解MATLAB基本产品信息

MATLAB操作基础

1.1　MATLAB 概述

MATLAB 是英文 MATrix LABoratory(矩阵实验室)的缩写。1980 年前后，时任美国新墨西哥大学计算机科学系主任的 Cleve Moler 教授在给学生讲授线性代数课程时，想教学生使用当前流行的线性代数软件包 Linpack 和基于特征值计算的软件包 Eipack，但他发现用其他高级语言程序极为不便，于是，Cleve Moler 教授为学生编写了方便使用 Linpack 和 Eipack 的接口程序并命名为 MATLAB，这便是 MATLAB 的雏形。

MATLAB 除了具备卓越的数值计算能力外，还提供了专业水平的符号计算、文字处理、可视化建模仿真和实时控制功能。

MATLAB 因其具有强大的数学运算能力、方便实用的绘图功能，以及语言的高度集成性，在其他科学与工程领域的应用越来越广泛。到目前为止，MATLAB 已发展成为国际上最优秀的科技应用软件之一，其强大的科学计算与可视化功能、简单易用的开放式可扩展环境，以及多个面向不同领域而扩展的工具箱(Toolbox)支持，使得它在许多科学领域成为计算机辅助设计与分析、算法研究和应用开发的基本工具和首选平台。

目前，MATLAB 主要应用于信号处理、控制系统、神经网络、模糊逻辑、小波分析和系统仿真等方面，可利用 MATLAB 进行数值分析、数值和符号计算、工程与科学绘图、控制系统的设计与仿真、通信系统的设计与仿真、数字(音频、视频)信号处理、数字图像处理、财务与金融工程计算等。MATLAB 在大学比赛中也很重要，如 MATLAB 是大学生数学建模竞赛的重要工作软件。

1.1.1　MATLAB 的发展

早期的 MATLAB 是用 Fortran 语言编写的，尽管功能十分简单，但作为免费软件，还是吸引了大批的使用者。经过几年的校际流传，在 John Little 的推动下，由 John Little、Cleve Moler 和 Steve Bangert 合作，于 1984 年成立了 MathWorks 公司，并正式推出了 MATLAB 第 1 版(DOS 版)。从这时起，MATLAB 的核心采用 C 语言编写，功能越来越强，除了原有的数值计算功能外，还新增了图形处理功能。

之后，MATLAB 不断更新。

以下是关于 MATLAB 的发展历程。

1984 年，MATLAB 第 1 版(DOS 版)正式发布。

1992 年，MATLAB 4.0 版发布，并于 1993 年推出了其微机版，该版本可以在 Windows3.x 上使用。

1994 年，MATLAB 4.2 版扩充了 4.0 版功能，尤其在图形界面设计方面提供了新方法。

1997 年，MATLAB 5.0 版发布，支持了更多的数据结构，如单元数据、结构数据、多维数组、对象与类等。

1999 年，MATLAB 5.3 版发布，在很多方面又进一步改进了其语言功能，随之推出了全新版本的最优化工具箱和 Simulink3.0 版，达到了很高水平。

2000 年 10 月，MATLAB 6.0 版在操作界面上有了很大改观，为用户的使用提供了很大方便；在计算机性能方面，速度变得更快，性能也更好；在图形用户界面设计上更趋于合理；与 C 语言接口及转换的兼容性更强；与之配套的 Simulink4.0 版的新功能也很引人注目。

2001 年 6 月，MATLAB 6.1 版及 Simulink4.1 版发布，功能已经十分强大。

2002 年 6 月，MATLAB 6.5 版及 Simulink5.0 版发布，在计算方法、图形功能、用户界面设计、编程手段和工具方面都有了很大改进。

2004 年 7 月，MATLAB 7.0 版发布，MathWorks 公司推出了 MATLAB 7.0 版，其中集成了最新的 MATLAB 7 编译器、Simulink6.0 仿真软件以及许多工具箱。这一版本增加了很多新的功能和特性，内容相当丰富。本书以 MATLAB 6.5、MATLAB 7.0 版为基础，全面介绍 MATLAB 各种功能和使用。

目前，为了实现更多功能，并使有些函数的用法与主流的相匹配，MATLAB 又推出了 2012 版本。MATLAB 2012 对于 Toolbox 和 Simulink 功能做了增强，推出了两个新产品及 82 款其他产品的更新。在 MATLAB 2012 中，可以轻松地编写和运行单元测试，可以生成更为稳健的代码，在 Simulink 中，新的 Performance Advisor 可教用户如何提高模型的仿真速度。对于学术机构中基于项目的教学，可以获得 Simulink、Data Acquisition Toolbox 及 Image Acguisition Toolbox 的额外硬件支持，用户还会发现更多关于代码生成、GPU 加速及机器教学等多种功能。另外，MATLAB 2012 还推出了两个新产品：Trading Toolbox 用来接入市场行情和连接交易系统下单的新产品；Fixed-Point Designer 则综合了 Fixed-Point Toolbox 及 Simulink Fixed Point 的功能。

1.1.2 MATLAB 的主要功能

1. 绘图功能

利用 MATLAB 绘图十分方便，它既可以绘制各种图形(包括二维图形和三维图形)，也可以对图形进行修饰和控制，以增强图形的表现效果。MATLAB 提供了两个层次的绘图操作：一种是对图形句柄进行的低层绘图操作；另一种是建立在低层绘图操作之上的高层绘图操作。运用 MATLAB 的高层绘图操作，用户不需要多考虑绘图细节，只需给出一些基本参数就能绘制所需的图形。利用 MATLAB 图形句柄操作，用户可以更灵活地对图形进行各种操作，为用户在图形表现方面开拓了一个没有约束的广阔空间。

2. 数值计算和符号计算功能

MATLAB 矩阵作为数据操作的单位，这使矩阵的运算变得非常简单、方便、快捷、高效。MATLAB 提供了丰富的数值计算函数，而且所采用的数值计算都是国际公认的最先进、最可靠的算法，其程序由世界一流专家编制，高度化、高质量的数值计算为它赢得了声誉。

3. 语言体系

MATLAB 具有程序结构控制、函数调用、数据结构、输入输出、面向对象等程序语言特征，而且简单易学、编程效率高。

4. MATLAB 工具箱

MATLAB 包含两部分内容：基本部分和各种可选的工具箱。MATLAB 工具箱分为两大类：功能性工具箱和学科性工具箱。

5. 开放性

MATLAB 的开放性好。除了内部函数外，MATLAB 的其他文件都是公开的、可读可改的源文件，体现了 MATLAB 的开放性特点。用户可修改源文件或加入自己的文件，甚至构造自己的工具箱。

6. 与 C 语言和 Fortran 语言有良好的接口

通过 MEX 文件，可以方便地调用 C 语言和 Fortran 语言编写的函数和程序，完成 MATLAB 与它们的混合编程，充分利用已有的 C 语言和 Fortran 语言资源。

MATLAB 语句中标点符号作用见表 1-1。

表 1-1　MATLAB 语句中常用标点符号的作用

名称	符号	作用
空格		变量分隔符；矩阵一行中各元素间的分隔符；程序语句关键词分隔符
逗号	,	分隔欲显示计算结果的语句；变量分隔符；矩阵一行中各元素间的分隔符
点号	.	数值中的小数点；结构数组的域访问符
分号	;	分隔不想显示计算结果的各语句；矩阵行与行的分隔符
冒号	:	用于生成一维数组；表示一维数组的全部元素或多维数组某一维的全部元素
百分号	%	注释语句说明符，凡在其后的字符视为注释性内容而不被执行
单引号	' '	字符串标识符
圆括号	( )	用于矩阵元素引用；用于函数输入变量列表；确定运算的先后次序
方括号	[ ]	向量和矩阵标识符；用于函数输出列表
花括号	{ }	标识细胞数组
续行号	...	长命令行需分行时连接下行用
赋值号	=	将表达式赋值给一个变量

1.1.3　MATLAB 的功能演示

【例 1-1】绘制正弦曲线和余弦曲线。

在 MATLAB 命令窗口中输入命令：

```
x= [0:0.5:360]*pi/180;
plot(x,sin(x),x,cos(x));
```

绘制图形结果为如图 1-1 所示函数曲线。

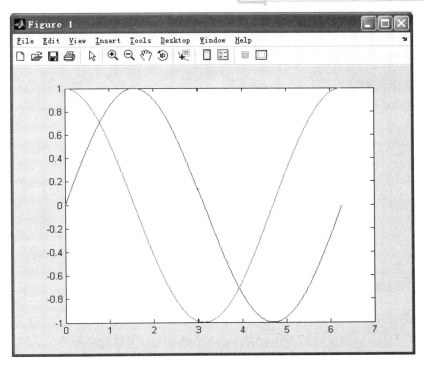

图 1-1　正弦余弦函数曲线

【例 1-2】求方程 $3x^4+7x^3+9x^2-23=0$ 的全部根。

在 MATLAB 命令窗口中输入命令：

```
p=[3,7,9,0,-23];        %建立多项式系数向量
x=roots(p)              %求根
```

其中，第一条命令为多项式系数向量，第二条命令调用 roots 函数求根。得到的结果为

```
x =
  -1.8857
  -0.7604 + 1.7916i
  -0.7604 - 1.7916i
   1.0732
```

【例 1-3】$\int_0^1 x.*\log(1+x)$ 求积分。

在 MATLAB 命令窗口中输入命令：

```
quad('x.*log(1+x)',0,1)
```

结果为

```
ans =
    0.2500
```

【例1-4】求解线性方程组。

在 MATLAB 命令窗口中输入命令：

```
a=[2,-3,1;8,3,2;45,1,-9];
b=[4;2;17];
x=inv(a)*b
```

结果为

```
x =
     0.4784
    -0.8793
     0.4054
```

1.2　MATLAB 的开发环境

1.2.1　菜单和工具栏

MATLAB 主窗口是 MATLAB 的主要工作界面。主窗口除了嵌入一些子窗口外，还主要包括菜单栏和工具栏。打开 MATLAB 后，MATLAB 的用户界面如图 1-2 所示。由图 1-2 可知，MATLAB 用户界面有 7 个菜单：File、Edit、Debug、Parallel、Desktop、Window 和 Help 菜单。下面对 File、Edit 和 Desktop 菜单进行简单说明。

1. File 菜单

File 菜单的主要功能是新建 M 文件，新建一个图形窗口(Figure)、仿真模型(Model)和图形用户界面(GUI)，以及打开已有文件，退出 MATLAB 和关闭历史命令窗口等功能。各命令的具体功能如表 1-2 所示。

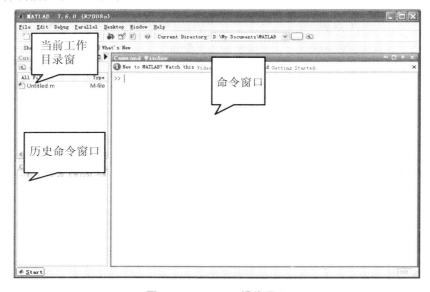

图 1-2　MATLAB 操作界面

表 1-2　File 菜单的功能

下拉菜单		功能
NEW	M-file	新建一个 M 文件，打开 M 文件编辑/调试器
	Figure	新建一个图形窗口
	Model	新建一个仿真模型
	GUI	新建一个图形用户设计界面
Open		打开已有文件
CloseCommandHistory		关闭历史命令窗口
ImportData		导入其他文件的数据
SaveWorkspace as		使用二进制 MAT 文件保存工作空间的内容
PageSetup		页面设置
SetPath		设置搜索路径等
Preference		设置 MATLAB 工作环境外观和操作的相关属性等参数
Print		打印
PrintSelection		打印所选择区域
ExitMATLAB		退出 MATLAB

2．Edit 菜单

Edit 菜单里的许多功能，想必用户都应该比较熟悉，如 Paste(粘贴)、Delete(删除)、Copy(复制)、Cut(剪切)。这里主要介绍表 1-3 所列的几个功能。

表 1-3　Edit 菜单的功能

下拉菜单	功能
Undo	撤销上一次的编辑操作
Redo	恢复上一次被撤销的操作
Find	查找和替换
Find File	查找文件
Clear Command Window	清空命令窗口中的所有文本
Clear Command History	清空历史命令窗口中的所有文本
Clear Workspace	清空工作空间中所有变量的值

3．Desktop 菜单

Desktop 菜单的主要功能是打开各种窗口，各菜单命令的具体功能见表 1-4 所示。

表 1-4　Desktop 菜单的功能

下拉菜单	功能
Unlock Command Window	与命令窗口分离
Move Command Window	移动命令窗口

下拉菜单	功能
Resize Command Window	重新定义命令窗口大小
Desktop Layout	界面布局
Command Window	打开命令窗口
Command History	打开历史命令窗口
Current Directory	打开当前目录窗口
Workspace	打开工作空间窗口
Help	打开帮助窗口
Profiler	打开程序性能剖析窗口
Editor	打开 M 文件编辑器
Figures	打开图形输出界面
Web Browser	打开网络浏览器
Array Editor	打开数组编辑器

1.2.2　熟悉 MATLAB 的 Desktop 操作桌面

当打开 MATLAB 后，就会出现如图图 1-2 所示的操作界面。

(1) 指令窗(Command Window)界面，如图 1-3 所示。

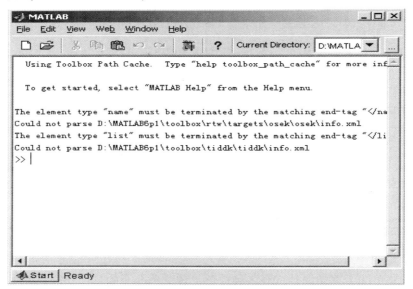

图 1-3　指令窗口

① 单击指令窗右上角的 按钮可以将指令窗从操作桌面独立出来，执行指令窗中 View 菜单下的 Dock Command Window 命令可以使指令窗嵌入回操作桌面。

② 在指令窗的提示符>>后面键入以下指令：

```
(12+2*(7-4))/3^2
```

观察指令窗中的结果。

③ 在指令窗中输入下面一段程序，功能是：画出衰减振荡曲线 $y = \mathrm{e}^{-\frac{t}{3}}\sin 3t$ 及其包络线 $y_0 = \mathrm{e}^{-\frac{t}{3}}$。$t$ 的取值范围是 $[0，4\pi]$。

```
t=0:pi/50:4*pi;
y0=exp(-t/3);
y=exp(-t/3).*sin(3*t);
plot(t,y,'-r',t,y0,':b',t,-y0,':b')
```

观察输出的结果。

④ 在指令窗中键入。

```
y1=2*sin(0.3*pi)/(1+sqrt(5)),
```

然后利用回调指令计算

```
y2=2*cos(0.3*pi)/(1+sqrt(5)).
```

(2) 熟悉历史指令窗(Command History)。观察历史指令窗，利用 Ctrl＋鼠标左键选中下面几行指令。

```
t=0:pi/50:4*pi;
y0=exp(-t/3);
y=exp(-t/3).*sin(3*t);
plot(t,y,'-r',t,y0,':b',t,-y0,':b')
```

右击鼠标，引出现场菜单，选中现场菜单项 Evaluate Selection 命令。

(3) 熟悉当前目录浏览器(Current Directory)。

① 观察当前目录是什么。

② 打开“我的电脑”，在 E 盘下建立一个名为“mydir”的文件夹。

在 MATLAB 操作桌面的右上方或当前浏览器左上方，都有一个当前目录设置区。它包括 “目录设置栏”和“浏览键”，在目录设置栏中直接写待设置的目录名，或借助浏览键和鼠标选择待设目录。

注意：为保护 MATLAB 的纯洁性，应建立用户目录，并将其设为当前目录，用户所用的文件存在用户目录中。

(4) 工作空间浏览器(Workspace Browser)，如图 1-4 所示。

在以上步骤的基础上，观察工作空间浏览器有哪些变量，在指令窗中输入 who 和 whos 两条指令，观察指令窗中的结果。

(5) 熟悉数组编辑器(Array Editor)。选中内存中任意一维或二维数值数组，然后双击所选数组或选中现场菜单 Option Selection 命令或单击 图标打开数组编辑器，如图 1-5 所示。观察此数值数组内部的值。

图 1-4　工作空间浏览器

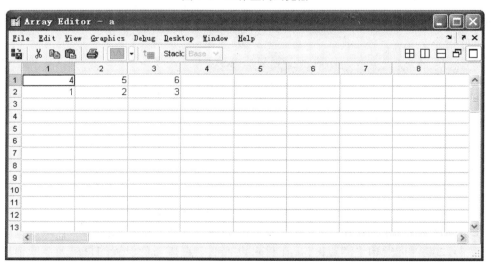

图 1-5　数组编辑器

按照以下步骤建立一个新的数组。

① 在指令窗里，向一个新变量赋"空"阵，如：A=[ ]。

② 在内存浏览器中，双击该变量，打开数组编辑器。

③ 逐格填写元素值，直到完成为止。

(6) 在指令窗中分别输入以下指令并观察其功能：

```
clc,clear,clf, cd, exit,quit.
clear:清除当前工作区中的所有变量.
```

```
clc:清除指令窗内容(未清除当前工作区中的变量).
clf:清除图形窗口.
cd:设置当前工作目录.
exit,quit:退出 MATLAB.
```

(7) 了解 MATLAB 帮助系统。在指令窗中输入 help eye 命令,阅读关于 eye 的帮助信息。或执行 MATLAB 的菜单项 Help→MATLAB Help 命令。

1.3　MATLAB 集成环境

1.3.1　命令窗口

命令窗口是 MATLAB 的主要交互窗口,在这个窗口中,用户可以输入各种 MATLAB 命令、函数、表达式。同时所有操作的执行结果都会显示(除图形以外)在命令窗口中。MATLAB 命令窗口中的">>"为命令提示符,表示 MATLAB 正在处于准备状态。在命令提示符后键入命令并按下回车键后,MATLAB 就会解释执行所输入的命令,并在命令后面给出计算结果。

一般来说,一个命令行输入一条命令,命令行以回车结束。但一个命令行也可以输入若干条命令,各命令之间以逗号分隔,若前面的命令后带有分号,则逗号可以省略,如图 1-6 所示。

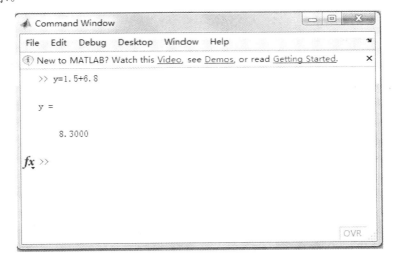

图 1-6　Command Window 命令窗口

如果一个命令行很长,一个物理行之内写不下,可以在第一个物理行之后加上 3 个小黑点并按下回车键,然后接着下一个物理行继续写命令的其他部分。3 个小黑点称为续行符,即把下面的物理行看作该行的逻辑继续。

在 MATLAB 里,有很多控制键和方向键可用于命令行的编辑。常用的窗口操作命令有 clear(清除工作空间变量)、elc(清除命令窗口的内容但不清除工作空间变量)。

例：在 MATLAB 中输入矩阵具体步骤如下。

第一步，在 MATLAB 的命令窗口中输入下列内容：

```
A=[5,2,6,4;9,10,13,15]
```

第二步，按 Enter 键，结束输入并执行命令，得到的结果如图 1-7 所示。

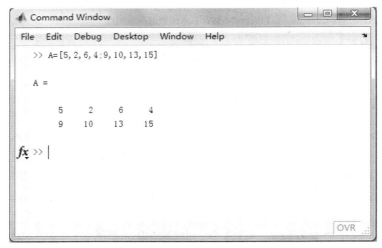

图 1-7　输入矩阵

1.3.2　当前目录窗口和搜索路径

1. 当前目录窗口

当前目录是指 MATLAB 运行文件时的工作目录，只有在当前目录或搜索路径下的文件、函数才可以被运行或调用。

在当前目录窗口中可以显示或改变当前目录，还可以显示当前目录下的文件并提供搜索功能。

将用户目录设置成当前目录也可使用 cd 命令。例如，将用户目录 c:\mydir 设置为当前目录，可在命令窗口输入命令：

```
cd c:\mydir
```

2. MATLAB 的搜索路径

当用户在 MATLAB 命令窗口输入一条命令后，MATLAB 按照一定次序寻找相关的文件。基本的搜索过程如下。

(1) 检查该命令是不是一个变量。

(2) 检查该命令是不是一个内部函数。

(3) 检查该命令是否是当前目录下的 M 文件。

(4) 检查该命令是否是 MATLAB 搜索路径中其他目录下的 M 文件。

用户可以将自己的工作目录列入 MATLAB 搜索路径，从而将用户目录纳入 MATLAB 系统统一管理。

3．设置搜索路径的方法

（1）用 path 命令设置搜索路径。例如，将用户目录 c:\mydir 加到搜索路径下，可在命令窗口输入命令：

```
path(path,'c:\mydir')
```

（2）用对话框设置搜索路径。在 MATLAB 的 File 菜单中选择 Set Path 命令或在命令窗口执行 pathtool 命令，将出现搜索路径设置对话框。通过 Add Folder 或 Add with Subfolder 命令将指定路径添加到搜索路径列表中。

在修改完搜索路径后，则需要保存搜索路径。

1.3.3　命令历史记录窗口

在默认设置下，历史记录窗口中会自动保留自安装起所有用过的命令的历史记录，并且还标明了使用时间，从而方便用户查询。而且，通过双击命令可进行历史命令的再运行。如果要清除这些历史记录，可以选择 Edit 菜单中的 Clear Command History 命令。

用户不仅能在历史窗口中查看命令窗口中运行过的所有命令，而且还可以根据需要编辑这些命令行。下面举几个常见的例子。

（1）复制命令行：这种编辑功能适用于需要使用原来部分的命令行。方法是：在历史命令窗口中选中所需要的命令并右击，在弹出的快捷菜单中选择 Copy 选项，如图 1-8 所示，然后在命令窗口选择粘贴(Paste)即可，如图 1-9 所示。通过复制命令行操作，可以提高工作效率。

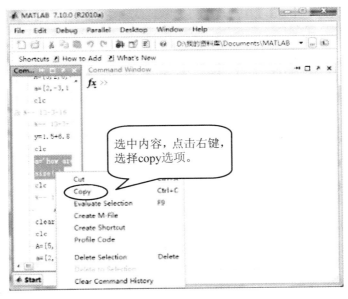

图 1-8　复制内容

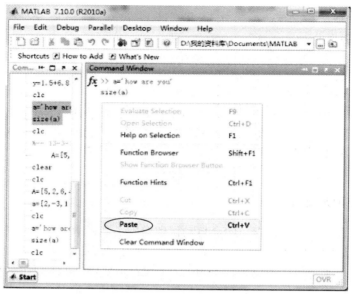

图 1-9　粘贴历史命令

(2) 运行历史命令行：这个操作的功能是运行原来输入的命令行，得到原来命令行的结果。操作步骤是在历史命令窗口选择要运行的历史命令行，然后右击，在弹出的快捷菜单中选择 Evaluate Selection 选项，如图 1-10 所示。

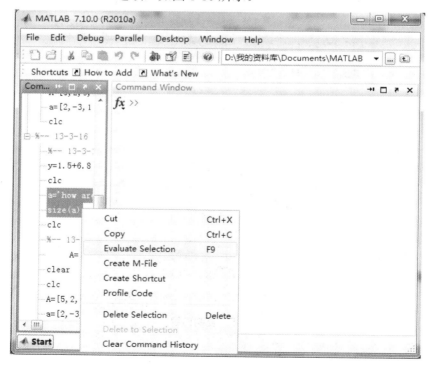

图 1-10　运行命令行

运行历史命令行后，在命令窗口中就会显示相应的运行结果，如图 1-11 所示。

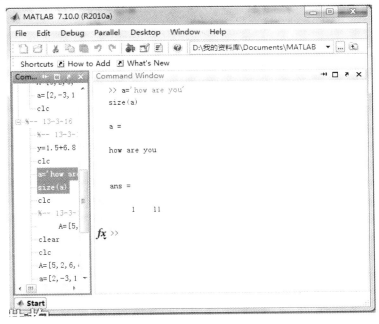

图 1-11　运行命令行后的结果

　　小提示：如果只是想运行单行命令，只需双击该命令即可；如果想运行多行命令行，只需按住 Ctrl 键，就可以选择多行命令行了。

　　(3) 创建 M 文件：用户可以根据需要把历史命令行改编成 M 文件。操作步骤是在历史窗口中选择需要的历史命令行，然后右击，在弹出的快捷菜单中选择 Create M-File 选项，如图 1-12 所示。

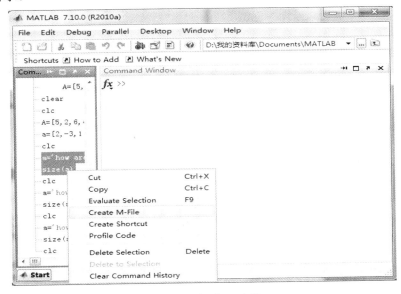

图 1-12　创建 M 文件

最后，MATLAB 就会自动弹出 M 文件编辑器，如图 1-13 所示。

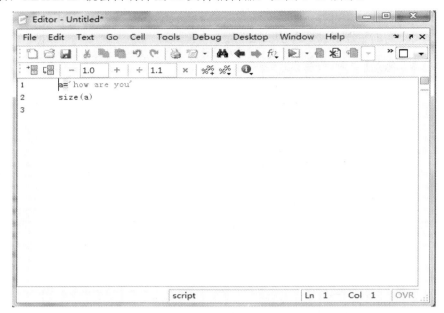

图 1-13　M 文件编辑器

1.3.4　启动平台窗口和 Start 按钮

MATLAB 7.0 的启动平台窗口可以帮助用户方便地打开和调用 MATLAB 的各种程序、函数和帮助文件。MATLAB 7.0 主窗口左下角还有一个 Start 按钮，单击该按钮会弹出一个菜单，选择其中的命令可以执行 MATLAB 产品的各种工具，并且可以查阅 MATLAB 包含的各种资源。

1.4　MATLAB 帮助系统

1. 帮助窗口

进入帮助窗口可以通过以下 3 种方法。

(1) 单击 MATLAB 主窗口工具栏中的 Help 按钮。

(2) 在命令窗口中输入 helpwin、helpdesk 或 doc 命令。

(3) 选择 Help 菜单中的 MATLAB Help 选项。

2. 帮助命令

MATLAB 帮助命令包括 help、lookfor 以及模糊查询。

1) help 命令

在 MATLAB 6.5 命令窗口中直接输入 help 命令将会显示当前帮助系统中所包含的所有项目，即搜索路径中所有的目录名称。同样，可以通过 help 加函数名来显示该函数的帮助说明。

2) lookfor 命令

help 命令只搜索出那些关键字完全匹配的结果，lookfor 命令对搜索范围内的 M 文件进行关键字搜索，条件比较宽松。

lookfor 命令只对 M 文件的第一行进行关键字搜索。若在 lookfor 命令加上-all 选项，则可对 M 文件进行全文搜索。

3) 模糊查询

MATLAB 6.0 以上的版本提供了一种类似模糊查询的命令查询方法，用户只需要输入命令的前几个字母，然后按 Tab 键，系统就会列出所有以这几个字母开头的命令。

3. 演示系统

在帮助窗口中选择演示系统(Demos)选项卡，然后在其中选择相应的演示模块，或者在命令窗口输入 Demos，或者选择主窗口 Help 菜单中的 Demos 子菜单，打开演示系统。

4. 远程帮助系统

在 MathWorks 公司的主页(http://www.mathworks.com)上可以找到很多有用的信息，国内的一些网站也有丰富的信息资源。

访问 MathWorks 公司主页，查询有关 MATLAB 的产品信息。

MATLAB 是矩阵实验室(Matrix Laboratory)的简称，是美国 MathWorks 公司出品的商业数学软件，用于算法开发、数据可视化、数据分析以及数值计算的高级技术计算语言和交互式环境，主要包括 MATLAB 和 Simulink 两大部分。MATLAB 和 Mathematica、Maple 并称为三大数学软件。它在数学类科技应用软件中在数值计算方面首屈一指。MATLAB 可以进行矩阵运算、绘制函数和数据、实现算法、创建用户界面、连接其他编程语言的程序等，主要应用于工程计算、控制设计、信号处理与通信、图像处理、信号检测、金融建模设计与分析等领域。MATLAB 的基本数据单位是矩阵，它的指令表达式与数学、工程中常用的形式十分相似，故用 MATLAB 来解算问题要比用 C、Fortran 等语言完成相同的事情简捷得多，并且 mathwork 也吸收了像 Maple 等软件的优点，使 MATLAB 成为一个强大的数学软件。MATLAB 的应用范围非常广，包括信号和图像处理、通信、控制系统设计、测试和测量、财务建模和分析以及计算生物学等众多应用领域。附加的工具箱(单独提供的专用 MATLAB 函数集)扩展了 MATLAB 环境，以解决这些应用领域内特定类型的问题。

MATLAB 的优势有以下几点。

(1) 友好的工作平台和编程环境：MATLAB 由一系列工具组成，这些工具方便用户使用 MATLAB 的函数和文件，其中许多工具采用的是图形用户界面，包括 MATLAB 桌面和命令窗口、历史命令窗口、编辑器和调试器、路径搜索和用于用户浏览帮助、工作空间、文件的浏览器。随着 MATLAB 的商业化以及软件本身的不断升级，MATLAB 的用户界面也越来越精致，更加接近 Windows 的标准界面，人机交互性更强，操作更简单。而且新版本的 MATLAB 提供了完整的联机查询、帮助系统，极大地方便了用户的使用。简单的编程环境提供了比较完备的调试系统，程序不必经过编译就可以直接运行，而且能够及时地报告出现的错误及进行出错原因分析。

(2) 简单易用的程序语言：MATLAB 是一个高级的矩阵/阵列语言，它包含控制语句、函数、数据结构、输入和输出和面向对象编程特点。用户可以在命令窗口中将输入语句与执行命令同步，也可以先编写好一个较大的复杂的应用程序(M 文件)后再一起运行。新版本的 MATLAB 语言是基于最为流行的 C++语言基础上的，因此语法特征与 C++语言极为相似，而且更加简单，更加符合科技人员对数学表达式的书写格式，使之更利于非计算机专业的科技人员使用，而且这种语言可移植性好、可拓展性极强，这也是 MATLAB 能够深入到科学研究及工程计算各个领域的重要原因。

(3) 强大的科学计算机数据处理能力：MATLAB 是一个包含大量计算算法的集合。其拥有 600 多个工程中要用到的数学运算函数，可以方便地实现用户所需的各种计算功能。函数中所使用的算法都是科研和工程计算中的最新研究成果，而前经过了各种优化和容错处理。在通常情况下，可以用它来代替底层编程语言，如 C 和 C++。在计算要求相同的情况下，使用 MATLAB 的编程工作量会大大减少。MATLAB 的这些函数集包括从最简单最基本的函数到诸如矩阵、特征向量、快速傅立叶变换的复杂函数。函数所能解决的问题大致包括矩阵运算和线性方程组的求解、微分方程及偏微分方程的组的求解、符号运算、傅里叶变换和数据的统计分析、工程中的优化问题、稀疏矩阵运算、复数的各种运算、三角函数和其他初等数学运算、多维数组操作以及建模动态仿真等。

(4) 出色的图形处理功能：MATLAB 自产生之日起就具有方便的数据可视化功能，将向量和矩阵用图形表现出来，并且可以对图形进行标注和打印。高层次的作图包括二维和三维的可视化、图像处理、动画和表达式作图，可用于科学计算和工程绘图。新版本的 MATLAB 对整个图形处理功能作了很大的改进和完善，使它不仅在一般数据可视化软件都具有的功能(例如，二维曲线和三维曲面的绘制和处理等)方面更加完善，而且对于一些其他软件所没有的功能(例如，图形的光照处理、色度处理以及四维数据的表现等)，MATLAB 同样表现了出色的处理能力。同时对一些特殊的可视化要求(如图形对话等)，MATLAB 也有相应的功能函数，保证了用户不同层次的要求。另外新版本的 MATLAB 还着重在图形用户界面(GUI)的制作上作了很大的改善，对这方面有特殊要求的用户也可以得到满足。

(5) 应用广泛的模块集合工具箱：MATLAB 对许多专门的领域都开发了功能强大的模块集和工具箱。一般来说，它们都是由特定领域的专家开发的，用户可以直接使用工具箱学习、应用和评估不同的方法而不需要自己编写代码。目前，MATLAB 已经把工具箱延伸到了科学研究和工程应用的诸多领域，诸如数据采集、数据库接口、概率统计、样条拟合、优化算法、偏微分方程求解、神经网络、小波分析、信号处理、图像处理、系统辨识、控制系统设计、LMI 控制、鲁棒控制、模型预测、模糊逻辑、金融分析、地图工具、非线性控制设计、实时快速原型及半物理仿真、嵌入式系统开发、定点仿真、DSP 与通信、电力系统仿真等，都在工具箱(Toolbox)家族中有了自己的一席之地。

(6) 实用的程序接口和发布平台：新版本的 MATLAB 可以利用 MATLAB 编译器和 C/C++数学库和图形库，将自己的 MATLAB 程序自动转换为独立于 MATLAB 运行的 C 和 C++代码，允许用户编写可以和 MATLAB 进行交互的 C 或 C++语言程序。另外，MATLAB 网页服务程序还允许在 Web 应用中使用自己的 MATLAB 数学和图形程序。MATLAB 的一个重要特色就是具有一套程序扩展系统和一组称之为工具箱的特殊应用子程序。工具箱是

MATLAB 函数的子程序库,每一个工具箱都是为某一类学科专业和应用而定制的,主要包括信号处理、控制系统、神经网络、模糊逻辑、小波分析和系统仿真等方面的应用。

(7) 应用软件开发(包括用户界面):在开发环境中,使用户更方便地控制多个文件和图形窗口;在编程方面支持了函数嵌套,有条件中断等;在图形化方面,有了更强大的图形标注和处理功能,包括对性对起连接注释等;在输入输出方面,可以直接向 Excel 和 HDF5 进行连接。

　知识拓展

MATLAB 产生的历史背景

在 20 世纪 70 年代中期,Cleve Moler 博士和其同事在美国国家科学基金的资助下开发了调用 EISPACK 和 LINPACK 的 Fortran 子程序库。EISPACK 是特征值求解的 Fortran 程序库,LINPACK 是解线性方程的程序库。在当时,这两个程序库代表矩阵运算的最高水平。

到 20 世纪 70 年代后期,时任美国 New Mexico 大学计算机系系主任的 Cleve Moler,在给学生讲授线性代数课程时,想教学生使用 EISPACK 和 LINPACK 程序库,但他发现学生用 Fortran 编写接口程序很费时间,于是他开始自己动手,利用业余时间为学生编写 EISPACK 和 LINPACK 的接口程序。Cleve Moler 给这个接口程序取名为 MATLAB,该名为矩阵(matrix)和实验室(laboratory)两个英文单词的前 3 个字母的组合。在以后的数年里,MATLAB 在多所大学里作为教学辅助软件使用,并作为面向大众的免费软件广为流传。

1983 年春天,Cleve Moler 到 Stanford 大学讲学,MATLAB 深深地吸引了工程师 John Little。John Little 敏锐地觉察到 MATLAB 在工程领域的广阔前景。同年,他和 Cleve Moler、Sieve Bangert 一起,用 C 语言开发了第二代专业版。这一代的 MATLAB 语言同时具备了数值计算和数据图示化的功能。

1984 年,Cleve Moler 和 John Lithe 成立了 MathWorks 公司,正式把 MATLAB 推向市场,并继续进行 MATLAB 的研究和开发。

在当今 30 多个数学类科技应用软件中,就软件数学处理的原始内核而言,可分为两大类。一类是数值计算型软件,如 MATLAB、Xmath、Gauss 等,这类软件长于数值计算,对处理大批数据效率高;另一类是数学分析型软件,如 Mathematica、Maple 等,这类软件以符号计算见长,能给出解析解和任意精度解,其缺点是处理大量数据时效率较低。MathWorks 公司顺应多功能需求之潮流,在其卓越数值计算和图示能力的基础上,又率先在专业水平上开拓了其符号计算、文字处理、可视化建模和实时控制能力,开发了适合多学科、多部门要求的新一代科技应用软件 MATLAB。经过多年的国际竞争,MATLAB 已经占据了数值型软件市场的主导地位。

在 MATLAB 进入市场前,国际上的许多应用软件包都是直接以 Fortran 和 C 语言等编程语言开发的。这种软件的缺点是使用面窄、接口简陋、程序结构不开放以及没有标准的基库,很难适应各学科的最新发展,因而很难推广。MATLAB 的出现,为各国科学家开发学科软件提供了新的基础。在 MATLAB 问世不久的 20 世纪 80 年代中期,原先控制领域

里的一些软件包纷纷被淘汰或在 MATLAB 上重建。

时至今日，经过 Math Works 公司的不断完善，MATLAB 已经发展成为适合多学科、多种工作平台的功能强劲的大型软件。在国外，MATLAB 已经经受了多年考验。在欧美等高校，MATLAB 已经成为线性代数、自动控制理论、数理统计、数字信号处理、时间序列分析、动态系统仿真等高级课程的基本教学工具；成为攻读学位的大学生、硕士生、博士生必须掌握的基本技能。在设计研究单位和工业部门，MATLAB 被广泛用于科学研究和解决各种具体问题。

习 题 一

1. 单项选择题

(1) 可以用命令或是菜单清除命令窗口中的内容。若用命令，则这个命令是(　　)。

    A．clear   B．clc   C．clf   D．cls

(2) 启动 MATLAB 程序后，如果不见工作空间窗口出现，其最有可能的原因是(　　)。

    A．程序出了问题   B．桌面菜单中 Workspace 菜单项未选中

    C．其他窗口打开太多   D．其他窗口未打开

(3) 在一个矩阵的行与行之间需用某个符号分隔，这个字符可以是(　　)。

    A．句号   B．减号   C．逗号   D．分号

2. 求多项式 $p(x)=3x^3+2x+1$ 的根。

提示：使用 roots 命令，参照【例 1-2】。

3. 绘制函数 $f(x)=\begin{cases} x^2+\sqrt[4]{1+x}+5, & x>0 \\ 0, & x=0 \\ x^3+\sqrt{1-x}-5, & x<0 \end{cases}$

提示：使用 plot 命令。

参考例子：

```
x=[-100:5:100];
if x>0
f=x.^2+sqrt(sqrt(1+x))+5;
elseif x==0
f=0;
else f=x.^3+sqrt(1-x)-5;
end
plot(x,f);
grid on;
```

绘制函数如图 1-14 所示。

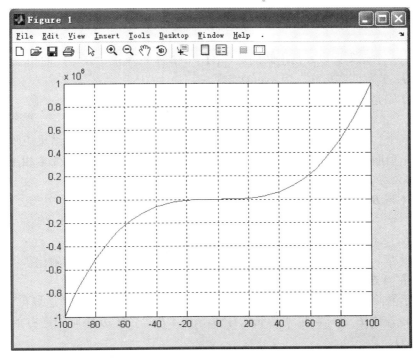

图 1-14　第 3 题参考答案

实验一　MATLAB 的安装与卸载、启动与退出

实验目的:

1. 熟悉启动和退出 MATLAB 的方法。
2. 熟悉 MATLAB 命令窗口的组成。
3. 掌握建立矩阵的方法。

实验内容:

1. 已知: $A = \begin{bmatrix} 12 & 34 & 4 \\ 34 & 7 & 87 \\ 3 & 65 & 7 \end{bmatrix}$, $B = \begin{bmatrix} 1 & 3 & -1 \\ 2 & 0 & 3 \\ 3 & -2 & 7 \end{bmatrix}$

求下列表达式的值。

(1) $A+6*B$ 和 $A-B+I$(其中 I 为单位矩阵)。

(2) $A*B$ 和 $A.*B$。

(3) $A\text{^}3$ 和 $A.\text{^}3$。

(4) A/B 及 $B\backslash A$。

(5) $[A,B]$ 和 $[A([1,3],:);B\text{^}2]$。

实验结果分析：注意普通运算和点运算的区别。

1). *A*＋6**B*

6**B*：*B* 的各个元素乘以 6 得出新的矩阵；*A*＋6**B*：*A* 矩阵和 6**B* 矩阵的相应元素相加减。

A－*B*＋*I*：*I* 为单位矩阵，用 eye(3)实现。

A－*B*＋*I* 则是 *A*、*B*、*I* 矩阵的相应元素相加减。

2) *A**B

B 的第一个列向量与 *A* 的第一个行向量对应元素相乘，其和作为结果矩阵的第一列的第一个元素，后面矩阵的第一列向量与前面矩阵的第二个行向量对应元素相乘，其和作为结果矩阵的第一列的第二个元素，以此类推。

A.*B：*A* 与 *B* 矩阵的对应元素相乘。

3) *A*^3

A^3 相当于 *A**A*A，其原则如第(2)题的 *A**B。

A.^3：相当于 *A* 的各个元素的 3 次方作为矩阵的结果在相应位置输出。

4) *A*/*B* 和 *A**B*

分别表示左除和右除。如果 *A* 矩阵是非奇异方阵，则 *A**B* 和 *A*/*B* 运算可以实现。*A**B* 等效于 *A* 的逆左乘 *B* 矩阵，也就是 inv(*A*)**B*，而 *A*/*B* 等效于 *B* 矩阵的逆右乘 *A* 矩阵，也就是 *B** inv(*A*)。

5) [*A*,*B*]即把 *A* 和 *B* 按行向量连接

[*A*([1,3],:);*B*^2]即 *A*([1,3],:)和 *B*^2 的输出矩阵按列向量链接。

2．完成下列操作：求[100，999]之间能被 21 整除的数的个数。

第2章
MATLAB 矩阵及其运算

在 MATLAB 中，数、向量、数组和矩阵的概念经常被混淆。对 MATLAB 来说，数组或向量与二维矩阵在本质上没有任何区别，都是以矩阵的形式保存的。一维数组相当于向量，二维数组相当于矩阵，所以矩阵是数组的子集。

MATLAB 的数据结构只有矩阵一种形式，单个的数就是 1×1 的矩阵，向量就是 $1 \times n$ 或 $n \times 1$ 的矩阵，但数、向量、数组与矩阵的某些运算方法是不同的。本章主要介绍数组、向量和矩阵的概念、建立和运算方法。

教学要求：要求学生熟练地建立矩阵并且对矩阵进行运算。

 学 习 目 标

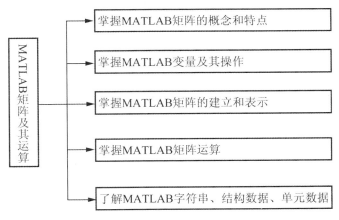

掌握MATLAB矩阵的概念和特点

掌握MATLAB变量及其操作

掌握MATLAB矩阵的建立和表示

掌握MATLAB矩阵运算

了解MATLAB字符串、结构数据、单元数据

2.1 变量和数据操作

1. 变量与赋值

1）变量名

系统的变量命名规则：在 MATLAB 7.0 中，变量名是以字母开头，后接字母、数字或下划线的字符序列，最多 63 个字符。在 MATLAB 中，变量名区分字母的大小写。

2）赋值语句

（1）变量＝表达式。

（2）表达式。

其中，表达式是用运算符将有关运算量连接起来的式子，其结果是一个矩阵。

【例 2-1】 计算表达式的值，并显示计算结果。

在 MATLAB 命令窗口中输入命令：

```
x=1+2i;
y=3-sqrt(17);
z=(cos(abs(x+y))-sin(78*pi/180))/(x+abs(y))
```

其中，pi 和 i 都是 MATLAB 预先定义的变量，分别代表代表圆周率 π 和虚数单位。输出结果为

```
z =
   -0.3488 + 0.3286i
```

2. 预定义变量

在 MATLAB 工作空间中，还驻留几个由系统本身定义的变量。例如，用 *pi* 表示圆周率 π 的近似值，用 i、j 表示虚数单位。预定义变量有特定的含义，在使用时，应尽量避免对这些变量重新赋值。此外，系统内部预先定义了几个有特殊意义和用途的变量，表 2-1 中列举了常用的预定义变量及其含义。

表 2-1 常用的预定义变量及其含义

特殊的变量、常量	取值
ans	用于结果的缺省变量名
pi	圆周率 π 的近似值(3.1416)
eps	数学中无穷小(epsilon)的近似值(2.2204e－016)
inf	无穷大，如 1/0＝inf (infinity)
NaN	非数，如 0/0＝NaN (Not a Number)，inf / inf＝NaN
i、j	虚数单位：i=j=$\sqrt{-1}$
nargin	函数输入参数个数
nargout	函数输出参数个数

续表

特殊的变量、常量	取值
realmax	最大正实数
realmin	最小正实数
lasterr	存放最新的错误信息
lastwarn	存放最新的警告信息

3. 内存变量的管理

1) 内存变量的删除与修改

MATLAB 工作空间窗口专门用于内存变量的管理。在工作空间窗口中可以显示所有内存变量的属性。当选中某些变量后，再单击 Delete 按钮，就能删除这些变量。当选中某些变量后，再单击 Open 按钮，将进入变量编辑器。通过变量编辑器可以直接观察变量中的具体元素，也可修改变量中的具体元素。clear 命令用于删除 MATLAB 工作空间中的变量。who 和 whos 这两个命令用于显示在 MATLAB 工作空间中已经驻留的变量名清单。who 命令只显示出驻留变量的名称，whos 在给出变量名的同时，还给出它们的大小、所占字节数及数据类型等信息。

2) 内存变量文件

利用 MAT 文件可以把当前 MATLAB 工作空间中的一些有用变量长久地保留下来，扩展名是.mat。MAT 文件的生成和装入由 save 和 load 命令来完成。常用格式为

save　文件名　[变量名表]　[-append][-ascii]

load　文件名　[变量名表]　[-ascii]

其中，文件名可以带路径，但不需带扩展名.mat，命令隐含一些对.mat 文件进行的操作。变量名表中的变量个数不限，只要内存或文件中存在即可，变量名之间以空格分隔。当变量名表省略时，保存或装入全部变量。-ascii 选项使文件以 ASCII 格式处理，省略该选项时文件将以二进制格式处理。save 命令中的-append 选项控制将变量追加到 MAT 文件中。

4. MATLAB 常用数学函数

MATLAB 提供了许多数学函数，函数的自变量规定为矩阵变量，运算法则是将函数逐项作用于矩阵的元素上，因而运算的结果是一个与自变量同维数的矩阵。

函数使用说明如下。

(1) 三角函数以弧度为单位计算。

(2) abs 函数可以求实数的绝对值、复数的模、字符串的 ASCII 码值。

(3) 用于取整的函数有 fix、floor、ceil、round，要注意它们的区别。

(4) rem 与 mod 函数的区别。rem(x,y)和 mod(x,y)要求 x、y 必须为相同大小的实矩阵或为标量。

常见数学函数见表 2-2。

表 2-2　常见数学函数

函数名	数学计算功能	函数名	数学计算功能
abs(x)	实数的绝对值或复数的幅值	floor(x)	对 x 朝 $-\infty$ 方向取整
acos(x)	反余弦 arcsin x	gcd(m, n)	求正整数 m 和 n 的最大公约数
acosh(x)	反双曲余弦 arccosh$x$	imag(x)	求复数 x 的虚部
angle(x)	在四象限内求复数 x 的相角	lcm(m, n)	求正整数 m 和 n 的最小公倍数
asin(x)	反正弦 arcsin$x$	log(x)	自然对数(以 e 为底数)
asinh(x)	反双曲正弦 arcsinh$x$	$\log_{10}(x)$	常用对数(以 10 为底数)
atan(x)	反正切 arctan$x$	real(x)	求复数 x 的实部
atan2(x,y)	在四象限内求反正切	rem(m, n)	求正整数 m 和 n 的 m/n 之余数
atanh(x)	反双曲正切 arctanh$x$	round(x)	对 x 四舍五入到最接近的整数
ceil(x)	对 x 朝 $+\infty$ 方向取整	sign(x)	符号函数:求出 x 的符号
conj(x)	求复数 x 的共轭复数	sin(x)	正弦 sin$x$
cos(x)	余弦 cos$x$	sinh(x)	反双曲正弦 sinh$x$
cosh(x)	双曲余弦 cosh$x$	sqrt(x)	求实数 x 的平方根: $\sqrt{x}$
exp(x)	指数函数 e^x	tan(x)	正切 tan$x$
fix(x)	对 x 朝原点方向取整	tanh(x)	双曲正切 tanh$x$

如输入 x＝[−4.85　−2.3　−0.2　1.3　4.56　6.75],则

```
ceil(x)=  -4   -2    0    2    5    7
fix(x) =  -4   -2    0    1    4    6
floor(x)= -5   -3   -1    1    4    6
round(x)= -5   -2    0    1    5    7
```

5. 数据的输出格式

MATLAB 用十进制数表示一个常数,具体可采用日常记数法和科学记数法两种表示方法。

在一般情况下,MATLAB 内部每一个数据元素都是用双精度数来表示和存储的。数据输出时用户可以用 format 命令设置或改变数据输出格式。format 命令的格式为

```
format  格式符
```

其中,格式符决定数据的输出格式,各种格式符及其含义见表 2-3。注意,format 命令只影响数据输出格式,而不影响数据的计算和存储。

表 2-3　控制数据输出格式的格式符极其含义

格式符	含义
short	输出小数点后 4 位,最多不超过 7 位有效数字。对于大于 1000 的实数,用 5 位有效数字的科学计数形式输出
long	15 位有效数字形式输出

格式符	含义
short e	5 位有效数字的科学计数形式输出
long e	15 位有效数字的科学计数形式输出
short g	从 short 和 short e 中自动选择最佳输出方式
long g	从 long 和 long e 中自动选择最佳输出方式
rat	近似有理数表示
hex	十六进制表示
＋	证书、复数、零分别用＋、一、空格表示
bank	银行格式，圆、角、分表示
compact	输出变量间没有空行
loose	输出变量间有空行

2.2　MATLAB 矩阵

2.2.1　矩阵的建立

1. 直接输入法

最简单的建立矩阵的方法是从键盘直接输入矩阵的元素。具体方法如下：将矩阵的元素用方括号括起来，按矩阵行的顺序输入各元素，同一行的各元素之间用空格或逗号分隔，不同行的元素之间用分号分隔。

2. 利用 M 文件建立矩阵

对于比较大且比较复杂的矩阵，可以为它专门建立一个 M 文件。下面通过一个简单例子来说明如何利用 M 文件创建矩阵。

① 任何矩阵(向量)，可以直接按行方式输入每个元素：同一行中的元素用逗号(，)或者用空格符来分隔；行与行之间用分号(；)分隔。所有元素处于一方括号([])内。

```
>> Time = [11 12 1 2 3 4 5 6 7 8 9 10]
>> X_Data = [2.32 3.43;4.37 5.98]
```

② 系统中提供了多个命令用于输入特殊的矩阵，见表 2-4。

表 2-4　输入特殊的矩阵

函数	功能
zeros	元素全为 0 的矩阵
ones	元素全为 1 的矩阵
rand	元素服从 0～1 间的均匀分布的随机矩阵
randn	均值为 0、方差为 1 的标准正态分布随机矩阵
eye	对角线上元素为 1 的矩阵

这几个函数的调用格式类似，下面以产生零矩阵的 zeros 函数为例进行说明。其调用格式为

```
zeros(m):产生 m*m 零矩阵。
zeros(m,n):产生 m*n 零矩阵。当 m=n 时,等同于 zeros(m)。
zeros(size(A)):产生与矩阵 A 同样大小的零矩阵。
```

【例 2-2】利用 M 文件建立 MYMAT 矩阵。

(1) 启动有关编辑程序或 MATLAB 文本编辑器，并输入待建矩阵。

(2) 把输入的内容以纯文本方式存盘(设文件名为 mymatrix.m)。

(3) 在 MATLAB 命令窗口中输入 mymatrix，即运行该 M 文件，就会自动建立一个名为 MYMAT 的矩阵，可供以后使用。

3. 利用冒号表达式建立一个向量

冒号表达式可以产生一个行向量，一般格式是：$e1:e2:e3$，其中 $e1$ 为初始值，$e2$ 为步长，$e3$ 为终止值。

```
e1:e2:e3,
```

在 MATLAB 中，还可以用 linspace 函数产生行向量。其调用格式为

```
linspace(a,b,n)
```

其中 a 和 b 是生成向量的第一个和最后一个元素，n 是元素总数。

显然，linspace(a,b,n)与 $a:(b-a)/(n-1):b$ 等价。

4. 建立大矩阵

大矩阵可由方括号中的小矩阵或向量建立起来。

2.2.2 矩阵的拆分

1. 矩阵元素

通过下标引用矩阵的元素，例如 $A(3,2)=200$。

采用矩阵元素的序号来引用矩阵元素。矩阵元素的序号就是相应元素在内存中的排列顺序。在 MATLAB 中，矩阵元素按列存储，先第一列，再第二列，以此类推。例如：

```
A=[1,2,3;4,5,6];
A(3)
ans =2
```

显然，序号(Index)与下标(Subscript)是一一对应的，以 $m \times n$ 矩阵 A 为例，矩阵元素 $A(i,j)$ 的序号为 $(j-1)*m+i$。其相互转换关系也可利用 sub2ind 和 ind2sub 函数求得。

2. 矩阵拆分

1) 利用冒号表达式获得子矩阵

$A(:,j)$ 表示取 A 矩阵的第 j 列全部元素。

$A(i,:)$表示 A 矩阵第 i 行的全部元素。

$A(i,j)$表示取 A 矩阵第 i 行、第 j 列的元素。

$A(i:i+m,:)$表示取 A 矩阵第 $i \sim i+m$ 行的全部元素。

$A(:,k:k+m)$表示取 A 矩阵第 $k \sim k+m$ 列的全部元素。

$A(i:i+m,k:k+m)$表示取 A 矩阵第 $i \sim i+m$ 行内，并在第 $k \sim k+m$ 列中的所有元素。

此外，还可利用一般向量和 end 运算符来表示矩阵下标，从而获得子矩阵。end 表示某一维的末尾元素下标。

2) 利用空矩阵删除矩阵的元素

在 MATLAB 中，定义[]为空矩阵。给变量 X 赋空矩阵的语句为 X＝[]。注意，X＝[]与 clear X 不同，clear 是将 X 从工作空间中删除，而空矩阵则存在于工作空间中，只是维数为 0。

2.2.3　特殊矩阵

1. 通用的特殊矩阵

常用的产生通用特殊矩阵的函数有以下几种。

```
zeros:产生全 0 矩阵(零矩阵).
ones:产生全 1 矩阵(幺矩阵).
eye:产生单位矩阵.
rand:产生 0～1 间均匀分布的随机矩阵.
randn:产生均值为 0,方差为 1 的标准正态分布随机矩阵.
```

【例2-3】分别建立 3×3、3×2 和与矩阵 A 同样大小的零矩阵。

(1) 建立一个 3×3 零矩阵。

```
      zeros(3)
>>zeros(3)
ans=
      0  0  0
      0  0  0
      0  0  0
```

(2) 建立一个 3×2 零矩阵。

```
      zeros(3,2)
ans=
      0  0
      0  0
      0  0
```

(3) 设 A 为 2×3 矩阵，则可以用 zeros(size(A))建立一个与矩阵 A 同样大小的零矩阵。

```
A=[1 2 3;4 5 6];       %产生一个 2×3 阶矩阵 A
zeros(size(A))         %产生一个与矩阵 A 同样大小的零矩阵
```

【例 2-4】建立随机矩阵，具体内容如下。

(1) 在区间[20,50]内均匀分布的 5 阶随机矩阵。

(2) 均值为 0.6、方差为 0.1 的 5 阶正态分布随机矩阵。

命令为

```
x=20+(50-20)*rand(5)
y=0.6+sqrt(0.1)*randn(5)
```

结果为

```
x =
    48.5039   42.8629   38.4630   32.1712   21.7367
    26.9342   33.6940   43.7581   48.0641   30.5860
    38.2053   20.5551   47.6544   47.5071   44.3950
    34.5795   44.6422   42.1462   32.3081   20.2958
    46.7390   33.3411   25.2880   46.8095   24.1667

y =
    0.4632    0.9766    0.5410    0.6360    0.6931
    0.0733    0.9760    0.8295    0.9373    0.1775
    0.6396    0.5881    0.4140    0.6187    0.8259
    0.6910    0.7035    1.2904    0.5698    1.1134
    0.2375    0.6552    0.5569    0.3368    0.3812
```

此外，常用的函数还有 reshape(A,m,n)，它在矩阵总元素保持不变的前提下，将矩阵 A 重新排成 $m \times n$ 的二维矩阵。

2. 用于专门学科的特殊矩阵

1) 魔方矩阵

魔方矩阵有一个有趣的性质，其每行、每列及两条对角线上的元素和都相等。对于 n 阶魔方阵，其元素由 $1,2,3,\cdots,n^2$ 共 n^2 个整数组成。MATLAB 提供了求魔方矩阵的函数 magic(n)，其功能是生成一个 n 阶魔方阵。

【例 2-5】将 101～125 等 25 个数填入一个 5 行 5 列的表格中，使其每行每列及对角线的和均为 565。

命令为

```
M=100+magic(5)
```

结果为

```
M =
   117   124   101   108   115
   123   105   107   114   116
   104   106   113   120   122
   110   112   119   121   103
   111   118   125   102   109
```

2）范得蒙矩阵

范得蒙(Vandermonde)矩阵最后一列全为 1，倒数第二列为一个指定的向量，其他各列是其后列与倒数第二列的点乘积，可以用一个指定向量生成一个范得蒙矩阵。在 MATLAB 中，函数 vander(V) 生成以向量 V 为基础向量的范得蒙矩阵。

例如命令为

```
A=vander([1;2;3;5])
```

结果为

```
A =
1       1       1       1
8       4       2       1
27      9       3       1
125     25      5       1
```

即可得到上述范得蒙矩阵。

3）希尔伯特矩阵

在 MATLAB 中，生成希尔伯特矩阵的函数是 hilb(n)。

使用一般方法求逆会因为原始数据的微小扰动而产生不可靠的计算结果。MATLAB 中，有一个专门求希尔伯特矩阵的逆的函数 invhilb(n)，其功能是求 n 阶的希尔伯特矩阵的逆矩阵。

【例 2-6】求 4 阶希尔伯特矩阵及其逆矩阵。

命令为

```
format rat        %以有理形式输出
H=hilb(4)
H=invhilb(4)
```

结果为

```
H =
    1           1/2         1/3         1/4
    1/2         1/3         1/4         1/5
    1/3         1/4         1/5         1/6
    1/4         1/5         1/6         1/7
H =
    16          -120        240         -140
    -120        1200        -2700       1680
    240         -2700       6480        -4200
    -140        1680        -4200       2800
```

4）托普利兹矩阵

托普利兹(Toeplitz)矩阵除第一行第一列外，其他每个元素都与左上角的元素相同。生成托普利兹矩阵的函数是 toeplitz(x,y)，它生成一个以 x 为第一列，y 为第一行的托普利兹矩阵。这里 x、y 均为向量，两者不必等长。toeplitz(x)用向量 x 生成一个对称的托普利兹矩阵。

例如命令为

```
T=toeplitz(1:6)
```

结果为

```
T =
  Columns 1 through 5
        1           2           3           4           5
        2           1           2           3           4
        3           2           1           2           3
        4           3           2           1           2
        5           4           3           2           1
        6           5           4           3           2
  Column 6
        6
        5
        4
        3
        2
        1
```

5) 伴随矩阵

MATLAB 生成伴随矩阵的函数是 compan(p)，其中 p 是一个多项式的系数向量，高次幂系数排在前，低次幂排在后。例如，为了求多项式的 $x_3 - 7x + 6$ 的伴随矩阵，可使用命令为

```
p=[1,0,-7,6];
compan(p)
ans =
     0           7          -6
     1           0           0
     0           1           0
```

6) 帕斯卡矩阵

二次项$(x+y)^n$展开后的系数随 n 的增大组成一个三角形表，称为杨辉三角形。由杨辉三角形表组成的矩阵称为帕斯卡(Pascal)矩阵。

函数 pascal(n)生成一个 n 阶帕斯卡矩阵。

命令为

```
pascal(3)
```

结果为

```
ans =
```

```
      1              1              1
      1              2              3
      1              3              6
```

【例 2-7】 求 $(x+y)^5$ 的展开式。

在 MATLAB 命令窗口中输入命令：

```
pascal(6)
```

矩阵次对角线上的元素 1、5、10、10、5、1 即为展开式的系数。

```
ans =
  Columns 1 through 5
      1              1              1              1              1
      1              2              3              4              5
      1              3              6             10             15
      1              4             10             20             35
      1              5             15             35             70
      1              6             21             56            126

  Column 6
      1
      6
     21
     56
    126
    252
```

2.3　MATLAB 运算

2.3.1　算术运算

1. 基本算术运算

MATLAB 的基本算术运算有：+(加)、−(减)、*(乘)、/(右除)、\(左除)、^(乘方)。注意，运算是在矩阵意义下进行的，单个数据的算术运算只是一种特例。

1) 矩阵加减运算

假定有两个矩阵 A 和 B，则可以由 $A+B$ 和 $A−B$ 实现矩阵的加减运算。运算规则是：若 A 和 B 矩阵的维数相同，则可以执行矩阵的加减运算，A 和 B 矩阵的相应元素相加减。如果 A 与 B 的维数不相同，则 MATLAB 将给出错误信息，提示用户两个矩阵的维数不匹配。

2) 矩阵乘法

假定有两个矩阵 A 和 B，若 A 为 $m×n$ 矩阵，B 为 $n×p$ 矩阵，则 $C=A*B$ 为 $m×p$ 矩阵。

3) 矩阵除法

在 MATLAB 中，有两种矩阵除法运算：\和/分别表示左除和右除。如果 *A* 矩阵是非奇异方阵，则 *A**B* 和 *B*/*A* 运算可以实现。*A**B* 等效于 *A* 的逆左乘 *B* 矩阵，也就是 inv(*A*)*B，而 *B*/*A* 等效于 *A* 矩阵的逆右乘 *B* 矩阵，也就是 *B**inv(*A*)。

对于含有标量的运算，两种除法运算的结果相同，如 3/4 和 4\3 有相同的值，都等于 0.75。又如，设 *a*＝【10.5,25】，则 *a*/5＝5*a*＝【2.1000 5.0000】。对于矩阵来说，左除和右除表示两种不同的除数矩阵和被除数矩阵的关系。对于矩阵运算，一般 *A**B*≠*B*/*A*。

4) 矩阵的乘方

一个矩阵的乘方运算可以表示成 *A*^*x*，要求 *A* 为方阵，*x* 为标量。

如在 MATLAB 命令窗口下输入：

```
>> A=[2 0 -1;1 3 2;1 1 1];
>> B=[1 7 -1;4 2 3;2 9 1];
>> M = A+B          % 矩阵 A 与 B 按矩阵运算相加
>> M = A-B          % 矩阵 A 与 B 按矩阵运算相减
>> M = A*B          % 矩阵 A 与 B 按矩阵运算相乘
>> M = A./B         % 矩阵 A 与 B 按矩阵运算相除
>> M = A'           % 矩阵 A 转置
```

体会矩阵相乘和数组相乘的区别。

2. 点运算

在 MATLAB 中有一种特殊的运算，因为其运算符是在有关算术运算符前面加点，所以称为点运算。点运算符有.*、./、.\和.^。两矩阵进行点运算是指它们的对应元素进行相关运算，要求两矩阵的维参数相同。如在 MATLAB 命令窗口中输入：

```
>> g = [1 2 3 4];h = [4 3 2 1];
>> s1 = g + h, s2 = g*h', s3 = g.*h, s4 = g./2,
```

体会矩阵相乘和数组相乘的区别。

2.3.2 关系运算

MATLAB 提供了 6 种关系运算符：<(小于)、<=(小于或等于)、>(大于)、>=(大于或等于)、==(等于)、~=(不等于)。它们的含义不难理解，但要注意其书写方法与数学中的不等式符号不尽相同

关系运算符的运算法则有以下几点。

(1) 当两个比较量是标量时，直接比较两数的大小。若关系成立，关系表达式结果为 1，否则为 0。

(2) 当参与比较的量是两个维数相同的矩阵时，比较是对两矩阵相同位置的元素按标量关系运算规则逐个进行，并给出元素比较结果。最终的关系运算的结果是一个维数与原矩阵相同的矩阵，它的元素由 0 或 1 组成。

(3) 当参与比较的一个是标量，而另一个是矩阵时，则把标量与矩阵的每一个元素按标量关系运算规则逐个比较，并给出元素比较结果。最终的关系运算的结果是一个维数与原矩阵相同的矩阵，它的元素由 0 或 1 组成。

【例 2-8】产生 5 阶随机方阵 **A**，其元素为[10,90]区间的随机整数，然后判断 **A** 的元素是否能被 3 整除。

(1) 生成 5 阶随机方阵 **A**。

```
A=fix((90-10+1)*rand(5)+10)
```

结果为

```
A =
      26          11          43          77          50
      26          70          78          11          67
      58          46          52          65          44
      32          85          26          40          34
      26          47          64          77          25
```

(2) 判断 **A** 的元素是否可以被 3 整除。

```
P=rem(A,3)==0
```

结果为

```
P =
       0     0     0     0     0
       0     0     1     0     0
       0     0     0     0     0
       0     0     0     0     0
       0     0     0     0     0
```

其中，rem(**A**,3)是矩阵 **A** 的每个元素除以 3 的余数矩阵。此时，0 被扩展为与 **A** 同维数的零矩阵，**P** 是进行等于(＝＝)比较的结果矩阵。

2.3.3　逻辑运算

MATLAB 提供了 3 种逻辑运算符：&(与)、|(或)和～(非)。

逻辑运算的运算法有以下几点。

(1) 在逻辑运算中，确认非零元素为真，用 1 表示，零元素为假，用 0 表示。

(2) 设参与逻辑运算的是两个标量 a 和 b，那么

a&b:a,b 全为非零时，运算结果为 1，否则为 0。

a|b:a,b 中只要有一个非零，运算结果为 1。

～a:当 a 是零时，运算结果为 1；当 a 非零时，运算结果为 0。

(3) 若参与逻辑运算的是两个同维矩阵，那么运算将对矩阵相同位置上的元素按标量规则逐个进行。最终运算结果是一个与原矩阵同维的矩阵，其元素由 1 或 0 组成。

(4) 若参与逻辑运算的一个是标量，一个是矩阵，那么运算将在标量与矩阵中的每个元素之间按标量规则逐个进行。最终运算结果是一个与矩阵同维的矩阵，其元素由 1 或 0 组成。

(5) 逻辑非是单目运算符，也服从矩阵运算规则。

(6) 在算术、关系、逻辑运算中，算术运算优先级最高，逻辑运算优先级最低。

【例 2-9】建立矩阵 A，然后找出大于 4 的元素的位置。

(1) 建立矩阵 A。

```
A=[4,-65,-54,0,6;56,0,67,-45,0]
```

结果为

```
A =
      4       -65       -54         0         6
     56         0        67       -45         0
```

(2) 找出大于 4 的元素的位置。

```
find(A>4)
```

结果为

```
ans =
     2
     6
     9
```

2.4 矩 阵 分 析

1. 对角阵与三角阵

1) 对角阵

只有对角线上有非 0 元素的矩阵称为对角矩阵，对角线上的元素相等的对角矩阵称为数量矩阵，对角线上的元素都为 1 的对角矩阵称为单位矩阵。

(1) 提取矩阵的对角线元素。设 A 为 $m×n$ 矩阵，diag(A)函数用于提取矩阵 A 主对角线元素，产生一个具有 min(m,n)个元素的列向量。

diag(A)函数还有一种形式为 diag(A,k)，其功能是提取第 k 条对角线的元素。

(2) 构造对角矩阵。设 V 为具有 m 个元素的向量，diag(V)将产生一个 $m×m$ 对角矩阵，其主对角线元素即为向量 V 的元素。

diag(V)函数也有另一种形式 diag(V,k)，其功能是产生一个 $n×n(n=m+)$对角阵，其第 k 条对角线的元素即为向量 V 的元素。

【例 2-10】先建立 5×5 矩阵 A，然后将 A 的第一行元素乘以 1，第二行乘以 2，……，第五行乘以 5。

```
A=[17,0,1,0,15;23,5,7,14,16;4,0,13,0,22;10,12,19,21,3;...11,18,25,2,19];
D=diag(1:5);
D*A                    %用 D 左乘 A,对 A 的每行乘以一个指定常数
```

结果为

```
    ans =
        17           0           1           0          15
        46          10          14          28          32
        12           0          39           0          66
        40          48          76          84          12
        55          90         125          10          95
```

2) 三角阵

三角阵又进一步分为上三角阵和下三角阵。所谓上三角阵，即矩阵的对角线以下的元素全为 0 的一种矩阵，而下三角阵则是对角线以上的元素全为 0 的一种矩阵。

(1) 上三角矩阵。求矩阵 A 的上三角阵的 MATLAB 函数是 triu(A)。

triu(A)函数也有另一种形式 triu(A,k)，其功能是求矩阵 A 的第 k 条对角线以上的元素。例如，提取矩阵 A 的第 2 条对角线以上的元素，形成新的矩阵 B。

(2) 下三角矩阵。

在 MATLAB 中，提取矩阵 A 的下三角矩阵的函数是 tril(A)和 tril(A,k)，其用法与提取上三角矩阵的函数 triu(A)和 triu(A,k)完全相同。

2. 矩阵的转置与旋转

1) 矩阵的转置

转置运算符是单撇号(')。

2) 矩阵的旋转

利用函数 rot90(A,k)将矩阵 A 旋转 90°的 k 倍，当 k 为 1 时可省略。

3) 矩阵的左右翻转

对矩阵实施左右翻转是将原矩阵的第一列和最后一列调换，第二列和倒数第二列调换，依次类推。MATLAB 对矩阵 A 实施左右翻转的函数是 fliplr(A)。

4) 矩阵的上下翻转

MATLAB 对矩阵 A 实施上下翻转的函数是 flipud(A)。

3. 矩阵的逆与伪逆

1) 矩阵的逆

对于一个方阵 A，如果存在一个与其同阶的方阵 B，使得：$A \cdot B = B \cdot A = I$ (I 为单位矩阵)，则称 B 为 A 的逆矩阵，当然 A 也是 B 的逆矩阵。

求一个矩阵的逆是一件非常烦琐的工作，容易出错，但在 MATLAB 中，求一个矩阵的逆非常容易。求方阵 A 的逆矩阵可调用函数 inv(A)。

【例 2-11】用求逆矩阵的方法解线性方程组。

$$\mathbf{A}x = \mathbf{b}$$

其解为

$$x = \mathbf{A}^{-1}\mathbf{b}$$

2) 矩阵的伪逆

如果矩阵 A 不是一个方阵，或者 A 是一个非满秩的方阵时，矩阵 A 没有逆矩阵，但可以找到一个与 A 的转置矩阵 A' 同型的矩阵 B，使得

$$A \cdot B \cdot A = A$$

$$B \cdot A \cdot B = B$$

此时称矩阵 B 为矩阵 A 的伪逆，也称为广义逆矩阵。在 MATLAB 中，求一个矩阵伪逆的函数是 pinv(A)。

4. 方阵的行列式

把一个方阵看作一个行列式，并对其按行列式的规则求值，这个值就称为矩阵所对应的行列式的值。在 MATLAB 中，求方阵 A 所对应的行列式的值的函数是 det(A)。

5. 矩阵的秩与迹

1) 矩阵的秩

矩阵线性无关的行数与列数称为矩阵的秩。在 MATLAB 中，求矩阵秩的函数是 rank(A)。

2) 矩阵的迹

矩阵的迹等于矩阵的对角线元素之和，也等于矩阵的特征值之和。在 MATLAB 中，求矩阵的迹的函数是 trace(A)。

6. 向量和矩阵的范数

矩阵或向量的范数用来度量矩阵或向量在某种意义下的长度。范数有多种方法定义，其定义不同，范数值也就不同。

(1) 向量的 3 种常用范数及其计算函数。在 MATLAB 中，求向量范数的函数有如下 3 种。

① norm(V)或 norm(V,2)：计算向量 V 的 2 范数。

② norm(V,1)：计算向量 V 的 1 范数。

③ norm(V,inf)：计算向量 V 的 ∞ 范数。

(2) 矩阵的范数及其计算函数。MATLAB 提供了求 3 种矩阵范数的函数，其函数调用格式与求向量的范数的函数完全相同。

7. 矩阵的条件数

在 MATLAB 中，计算矩阵 A 的 3 种条件数的函数如下。

(1) cond(A,1)：计算 A 的 1 范数下的条件数。

(2) cond(A)或 cond(A,2)：计算 A 的 2 范数数下的条件数。

(3) cond(A,inf)：计算 A 的 ∞ 范数下的条件数。

8. 矩阵的特征值与特征向量

在 MATLAB 中，计算矩阵 A 的特征值和特征向量的函数是 eig(A)，常用的调用格式有 3 种。

(1) E＝eig(A)：求矩阵 A 的全部特征值，构成向量 E。

(2) [V,D]＝eig(A)：求矩阵 A 的全部特征值，构成对角阵 D，并求 A 的特征向量构成 V 的列向量。

(3) [V,D]＝eig(A,'nobalance')：与第 2 种格式类似，但第 2 种格式中先对 A 作相似变换后求矩阵 A 的特征值和特征向量，而格式 3 直接求矩阵 A 的特征值和特征向量。

【例 2-12】用求特征值的方法解方程 $3x^5-7x^4+5x^2+2x-18＝0$。

```
p=[3,-7,0,5,2,-18];
A=compan(p);            %A 的伴随矩阵
x1=eig(A)               %求 A 的特征值
x2=roots(p)             %直接求多项式 p 的零点
```

结果为

```
x1 =
    5160/2363
     1      +    1i
     1      -    1i
  -1397/1510   +   670/931i
  -1397/1510   -   670/931i
x2 =
    5160/2363
     1      +    1i
     1      -    1i
  -1397/1510   +   670/931i
  -1397/1510   -   670/931i
```

【例 2-13】已知

$$A=\begin{bmatrix} -29 & 6 & 18 \\ 20 & 5 & 12 \\ -8 & 8 & 5 \end{bmatrix}$$

求 A 的特征值和特征向量，并分析其数学意义。

命令为

```
A=[-29,6,18;20,5,12;-8,8,5]
B=eig(A)
```

结果为

```
A =
   -29            6           18
    20            5           12
    -8            8            5
B =
  -3595/142
  -3755/357
   4697/279
```

2.5　矩阵的超越函数

1. 矩阵平方根 sqrtm

sqrtm(A)：计算矩阵 A 的平方根。

2. 矩阵对数 logm

logm(A)：计算矩阵 A 的自然对数。此函数输入参数的条件与输出结果间的关系和函数 sqrtm(A)完全一样

3. 矩阵指数 expm、expm1、expm2、expm3

expm(A)、expm1(A)、expm2(A)、expm3(A)的功能都是求矩阵指数 eA。

4. 普通矩阵函数 funm

funm(A,'fun')用来计算直接作用于矩阵 A 的由'fun'指定的超越函数值。当 fun 取 sqrt 时，funm(A,'sqrt')可以计算矩阵 A 的平方根，与 sqrtm(A)的计算结果一样。

2.6　字　符　串

在 MATLAB 中，字符串是用单撇号括起来的字符序列。MATLAB 将字符串当作一个行向量，每个元素对应一个字符，其标识方法和数值向量相同。也可以建立多行字符串矩阵。

字符串是以 ASCII 码形式存储的。abs 和 double 函数都可以用来获取字符串矩阵所对应的 ASCII 码数值矩阵。相反，char 函数可以把 ASCII 码矩阵转换为字符串矩阵。

与字符串有关的另一个重要函数是 eval，其调用格式为

```
eval(t)
```

其中 t 为字符串。它的作用是把字符串的内容作为对应的 MATLAB 语句来执行。

2.7　结构数据和单元数据

1．结构数据

1）结构矩阵的建立与引用

结构矩阵的元素可以是不同的数据类型，它能将一组具有不同属性的数据纳入到一个统一的变量名下进行管理。建立一个结构矩阵可采用给结构成员赋值的办法。具体格式为

> 结构矩阵名.成员名=表达式

其中，表达式应理解为矩阵表达式。

2）结构成员的修改

可以根据需要增加或删除结构的成员。例如要给结构矩阵 *a* 增加一个成员 x4，可给 *a* 中任意一个元素增加成员 x4，命令如下。

```
a(1).x4='410075';
```

但其他成员均为空矩阵，可以使用赋值语句给它赋确定的值。

要删除结构的成员，则可以使用 rmfield 函数来完成。例如，删除成员 x4 的命令为

```
a=rmfield(a,'x4');
```

3）关于结构的函数

除了一般的结构数据的操作外，MATLAB 还提供了部分函数进行结构矩阵的操作。

2．单元数据

1）单元矩阵的建立与引用

建立单元矩阵和一般矩阵相似，只是矩阵元素用大括号括起来。

可以用带有大括号下标的形式引用单元矩阵元素，如 *b*{3,3}。单元矩阵的元素可以是结构或单元数据。可以使用 celldisp 函数来显示整个单元矩阵，如 celldisp(*b*)，还可以删除单元矩阵中的某个元素。

2）关于单元的函数

MATLAB 还提供了部分函数用于单元的操作。

2.8　稀　疏　矩　阵

1．矩阵存储方式

MATLAB 的矩阵有两种存储方式：完全存储方式和稀疏存储方式。

1）完全存储方式

完全存储方式是将矩阵的全部元素按列存储。以前讲到的矩阵的存储方式都是按这个方式存储的，此存储方式对稀疏矩阵也适用。

2) 稀疏存储方式

稀疏存储方式仅存储矩阵所有的非零元素的值及其位置,即行号和列号。在 MATLAB 中,稀疏存储方式也是按列存储的。

注意,在讲稀疏矩阵时,有两个不同的概念:一是指矩阵的 0 元素较多,该矩阵是一个具有稀疏特征的矩阵;二是指采用稀疏方式存储的矩阵。

2. 稀疏存储方式的产生

1) 将完全存储方式转化为稀疏存储方式

函数 $A=\text{sparse}(S)$ 将矩阵 S 转化为稀疏存储方式的矩阵 A。当矩阵 S 是稀疏存储方式时,则函数调用相当于 $A=S$。sparse 函数还有其他一些调用格式,具体如下。

> sparse(m,n):生成一个 m×n 的所有元素都是 0 的稀疏矩阵。
> sparse(u,v,S):u,v,S 是 3 个等长的向量。S 是要建立的稀疏矩阵的非 0 元素,u(i)、v(i) 分别是 S(i) 的行和列下标,该函数建立一个 max(u) 行、max(v) 列并以 S 为稀疏元素的稀疏矩阵。

此外,还有一些和稀疏矩阵操作有关的函数,例如:

$[u,v,S]=\text{find}(A)$:返回矩阵 A 中非 0 元素的下标和元素。这里产生的 u、v、S 可作为 sparse(u,v,S) 的参数。

full(A):返回和稀疏存储矩阵 A 对应的完全存储方式矩阵。

2) 产生稀疏存储矩阵

只把要建立的稀疏矩阵的非 0 元素及其所在行和列的位置表示出来后由 MATLAB 自己产生其稀疏存储,这需要使用 spconvert 函数,调用格式为

> **B**=spconvert(**A**)

其中,A 为一个 $m \times 3$ 或 $m \times 4$ 的矩阵,其每行表示一个非 0 元素,m 是非 0 元素的个数,A 每个元素的意义如下。

> (i,1):第 i 个非 0 元素所在的行。
> (i,2):第 i 个非 0 元素所在的列。
> (i,3):第 i 个非 0 元素值的实部。
> (i,4):第 i 个非 0 元素值的虚部,若矩阵的全部元素都是实数,则无须第四列。

该函数将 A 所描述的一个稀疏矩阵转化为一个稀疏存储矩阵。

【例 2-14】根据表示稀疏矩阵的矩阵 A,产生一个稀疏存储方式矩阵 B。

命令为

```
A=[2,2,1;3,1,-1;4,3,3;5,3,8;6,6,12];
B=spconvert(A)
```

结果为

```
B =
   (3,1)       -1
   (2,2)        1
```

(4,3)	3
(5,3)	8
(6,6)	12

3）带状稀疏存储矩阵

用 spdiags 函数产生带状稀疏矩阵的稀疏存储，调用格式为

A=spdiags(**B**,d,m,n)

其中，参数 m、n 为原带状矩阵的行数与列数。B 为 $r \times p$ 阶矩阵，这里 $r=\min(m,n)$，p 为原带状矩阵所有非零对角线的条数，矩阵 B 的第 i 列即为原带状矩阵的第 i 条非零对角线。

4）单位矩阵的稀疏存储

单位矩阵只有对角线元素为 1，其他元素都为 0，是一种具有稀疏特征的矩阵。函数 eye 产生一个完全存储方式的单位矩阵。MATLAB 还有一个产生稀疏存储方式的单位矩阵的函数，这就是 speye。函数 speye(m,n)返回一个 $m \times n$ 的稀疏存储单位矩阵。

导入案例

MATLAB 在工厂生产中的应用

一个工厂生产 3 种橄榄球用品：防护帽、垫肩、臂垫，需用不同数量的硬塑料、泡沫塑料、尼龙线、劳动力。为监控生产，管理者对它们之间的关系十分关心。为把握这些量的关系，他列出表 2-5 与表 2-6。

表 2-5　原料产品关系表

产品	防护帽	垫肩	臂垫
硬塑料	4	2	2
泡沫塑料	1	3	2
尼龙线	1	3	3
劳动力	3	2	2

表 2-6　订单数

	订单 1	订单 2	订单 3	订单 4
防护帽	35	20	60	45
垫肩	10	15	50	40
臂垫	20	12	45	20

问应该如何计算每份订单所需的原材料，以便组织生产？

解：1. 将表格写成矩阵形式

$$A=\begin{bmatrix} 4 & 2 & 2 \\ 1 & 3 & 2 \\ 1 & 3 & 3 \\ 3 & 2 & 2 \end{bmatrix}, \quad B=\begin{bmatrix} 35 & 20 & 60 & 45 \\ 10 & 15 & 50 & 40 \\ 20 & 12 & 45 & 20 \end{bmatrix}。$$

2. 输入的程序

```
A=[4 2 3;1 3 2;1 3 3;3 2 2],
B=[35 20 60 45;10 15 50 40;20 12 45 20]
C=A*B
```

3. 运行结果

```
A =
    4       2       3
    1       3       2
    1       3       3
    3       2       2
B =
    35      20      60      45
    10      15      50      40
    20      12      45      20
C =
    220     146     475     320
    105     89      300     205
    125     101     345     225
    165     114     370     255
```

分析结果：这里只对订单 1 进行分析，制造 35 顶防护帽，需要 220 个硬塑料，105 个泡沫塑料，125 个尼龙线，165 个劳动力。其他订单分析与订单 1 类似。

 知识拓展

结构矩阵的建立与引用

MATLAB 使用结构数据类型把一组不同类型但同时又是在逻辑上相关的数据组成一个有机的整体，以便管理和引用。例如，要存储学生基本情况数据(姓名、性别、年龄、民族)，就可采用结构数据。

结构矩阵的元素可以是不同的数据类型，它能将一组具有不同属性的数据纳入到一个统一的变量名下进行管理。建立一个结构矩阵可采用给结构成员赋值的办法，具体格式为

结构矩阵名.成员名=表达式

其中，表达式应理解为矩阵表达式。

例如，建立一个含有 3 个元素的结构矩阵 a。

```
a(1).x1=10;a(1).x2='liu';a(1).x3=[11,21;34,78];
a(2).x1=12;a(2).x2='wang';a(2).x3=[34,191;27,578];
a(3).x1=14;a(3).x2='cai';a(3).x3=[13,890;67,231];
```

除了一般的结构数据的操作外，MATLAB 还提供了部分函数来进行结构矩阵的操作，具体如上。

```
Struct:建立或转换为结构矩阵。
getfield:获取结构成员的内容。
rmfield:删除结构成员。
fieldnames:获取结构成员名。
```

注意：结构矩阵元素的成员也可以是结构数据。

(1) 引用结构矩阵元素的成员时，显示其值。

(2) 引用结构矩阵元素时，显示成员名和它的值，但成员是矩阵时，不显示具体内容，只显示成员矩阵大小参数。

(3) 引用结构矩阵时，只显示结构矩阵大小参数和成员名。

习　题　二

1．求 $f(x)=x-\dfrac{1}{x}+5$ 在 $x_0=-5$、$x_0=1$ 作为迭代初值时的零点。

2．求下列方程在 $(1,1,1)$ 附近的解并对结果进行验证。

$$\begin{cases} \sin x+y+z^2 e^x=0 \\ x+yz=0 \\ xyz=0 \end{cases}$$

3．设

$$A=\begin{bmatrix} 2 & 0 & 0 & 0 & 0 \\ 0 & 0 & 0 & 0 & 0 \\ 0 & 0 & 0 & 5 & 0 \\ 0 & 1 & 0 & 0 & -1 \\ 0 & 0 & 0 & 0 & -5 \end{bmatrix}，将 A 转化为稀疏矩阵存储方式。$$

4．求下列矩阵的主对角元素、上三角阵、下三角阵、逆矩阵、行列式的值、秩、范数、条件数、迹、特征值和特征向量。

(1) $A=\begin{bmatrix} 4 & 6 & 0 \\ -3 & 5 & 0 \\ -3 & -6 & 1 \end{bmatrix}$ 　　　　(2) $B=\begin{bmatrix} 1 & 22 & 8 \\ 12 & 0 & 3 \\ 32 & 0 & 0 \end{bmatrix}$

5. 利用 MATLAB 提供的 randn 函数生产符合正态分布的 10×5 随机矩阵 A 并进行如下操作。

(1) 求 A 的各列元素的均值和标准方差。

(2) 求 A 的最大元素和最小元素。

(3) 分别对 A 的每列元素按升序，每行元素按降序排序。

6. 在指令窗中输入

```
x=[2   3   pi/2   9] ;x=[2,3,pi/2,9] 观察结果是否一样?
```

7. 要求在闭区间 $[0, 2\pi]$ 上产生 50 个等距采样的一维数组 A，试用两种不同的指令实现。要寻访 1~5 个元素如何实现；寻访 7 到最后一个元素如何实现；寻访第 2、6、6、8 个元素如何实现；寻访大于 2 的元素如何实现；给第 3、5、9 个元素赋值 100 如何实现。

实验二 MATLAB 中矩阵及其运算

实验目的：

1. 掌握矩阵、数组的创建和寻访。
2. 熟悉的 MATLAB 应用环境。
3. 掌握 MATLAB 的矩阵的运算基础。
4. 熟悉 MATLAB 关系操作和逻辑操作。

实验要求：

1. 分清数组运算与矩阵运算的区别与联系。
2. 熟悉 MATLAB 的各种数据类型。
3. 熟练地对数组和矩阵进行计算。

实验内容：

1. 设有分块矩阵 $A = \begin{bmatrix} E_{3\times3} & R_{3\times2} \\ O_{2\times3} & S_{2\times2} \end{bmatrix}$，其中 E、R、O、S 分别为单位矩阵、随机矩阵、零矩阵和对角矩阵，试通过数值计算验证 $A^2 = \begin{bmatrix} E & R+RS \\ O & S^2 \end{bmatrix}$。

2. 已知 $A = \begin{bmatrix} -29 & 6 & 18 \\ 20 & 5 & 12 \\ -8 & 8 & 5 \end{bmatrix}$，求矩阵 A 的特征值及特征向量，并分析其数学意义。

第3章
MATLAB 程序设计

MATLAB 程序可以分为交互式和 M 文件的编程。对于一些简单问题的程序，用户可以直接在 MATLAB 的命令窗口中输入命令，用交互式的方式来编写；但对于较复杂的问题，由于处理的命令较多，即需要逻辑运算、需要一个或多个变量反复验证、需要进行流程的控制等，那么当需要反复处理、复杂且容易出错的问题时，可建立一个 M 文件，进行合理的程序设计，这就是 M 文件的编程工作方式。

在 MATLAB 中程序设计中，有一些命令可以控制语句的执行，如条件语句、循环语句和支持用户交互的命令，本章主要介绍这些命令、MATLAB 程序结构和语句特点。

教学要求：掌握 MATLAB 程序设计的概念和基本方法。

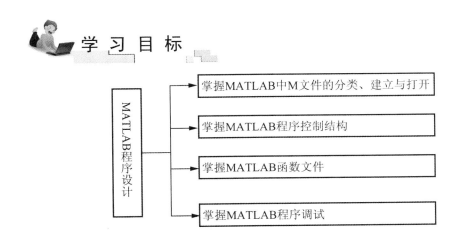

学 习 目 标

MATLAB程序设计

- 掌握MATLAB中M文件的分类、建立与打开
- 掌握MATLAB程序控制结构
- 掌握MATLAB函数文件
- 掌握MATLAB程序调试

3.1　M 文件

3.1.1　M 文件概述

用 MATLAB 语言编写的程序，称为 M 文件。M 文件可以根据调用方式的不同分为两类：命令文件(Script File)和函数文件(Function File)。脚本文件通常用于执行一系列简单的 MATLAB 命令，运行时只需要输入文件名，MATLAB 就会自动按顺序执行文件中的命令；函数文件与脚本文件不同，它可以接受参数，也可以返回参数，在一般情况下，用户不能单独输入其文件名来运行函数文件，而必须由其他语句来调用。

【例 3-1】分别建立命令文件和函数文件，将华氏温度 f 转换为摄氏温度 c。

程序 1：

首先，建立命令文件并以文件名 f2c.m 存盘。

```
clear;                %清除工作空间中的变量
f=input('Input Fahrenheit temperature: ');
c=5*(f-32)/9
```

然后，在 MATLAB 的命令窗口中输入 f2c，将会执行该命令文件，执行情况为

```
Input Fahrenheit temperature: 73
c =
    22.7778
```

程序 2：

首先，建立函数文件 f2c.m。

```
function c=f2c(f)
c=5*(f-32)/9
```

然后，在 MATLAB 的命令窗口调用该函数文件。

```
clear;
y=input('Input Fahrenheit temperature: ');
x=f2c(y)
```

输出：

```
Input Fahrenheit temperature: 70
c =
    21.1111
x =
    21.1111
```

3.1.2　M 文件的建立与打开

M 文件是一个文本文件，文件的扩展名为 . m，它可以用任何编辑程序来建立和编辑，而一般常用且最为方便的是使用 MATLAB 提供的文本编辑器。

1. 建立新的 M 文件

为建立新的 M 文件，启动 MATLAB 文本编辑器有 3 种方法。

(1) 最简单的方法是单击 MATLAB 的主界面的工具栏上的 图标。

(2) 菜单操作。从 MATLAB 主窗口的 File 菜单中选择 New→M-file 命令，屏幕上将出现 MATLAB 文本编辑器窗口。

(3) 命令操作。在 MATLAB 命令窗口输入命令 edit，启动 MATLAB 文本编辑器后，输入 M 文件的内容并存盘。

2. 打开已有的 M 文件

打开已有的 M 文件，也有 3 种方法。

(1) 菜单操作。从 MATLAB 主窗口的 File 菜单中选择 Open 命令，则屏幕出现 Open 对话框，在 Open 对话框中选中所需打开的 M 文件。在文档窗口可以对打开的 M 文件进行编辑修改，编辑完成后，将 M 文件存盘。

(2) 命令操作。在 MATLAB 命令窗口输入命令：edit 文件名，则打开指定的 M 文件。

(3) 命令按钮操作。单击 MATLAB 主窗口工具栏上的 Open File 命令按钮，再从弹出的对话框中选择所需打开的 M 文件。

3. M 文件的命名规则

M 文件的命名规则如下。

(1) 文件名命名要用英文字符，第一个字符必须是字母而不能是数字，其中间不能有非法字符。

(2) 文件名不能为两个单词，如 random walk，应该写成 random_walk，即中间不能有空格等非法字符。

(3) 文件名不要取为 MATLAB 的固有函数，尽量不要是简单的英文单词，最好是由大小写英文、数字、下划线等组合而成的。原因是简单的单词命名容易和内部函数名同名，结果会出现一些莫名其妙的小错误。

(4) 文件存储路径一定要为英文。

3.2　程序控制结构

3.2.1　顺序结构

1. 数据的输入

从键盘输入数据，则可以使用 input 函数来进行，该函数的调用格式为

```
A=input(提示信息,选项);
```

其中提示信息为一个字符串，用于提示用户输入什么样的数据。

如果在 input 函数调用时采用's'选项，则允许用户输入一个字符串。例如，想输入一个人的姓名，可采用命令如下：

```
xm=input('What is your name?','s');
```

2. 数据的输出

MATLAB 提供的命令窗口输出函数主要有 disp 函数，其调用格式为

```
disp(输出项)
```

其中，输出项既可以为字符串，也可以为矩阵。

【例 3-2】输入 x、y 的值，并将它们的值互换后输出。

程序如下：

```
x=input('Input x please.');
y=input('Input y please.');
z=x;
x=y;
y=z;
disp(x);
disp(y);
```

【例 3-3】求一元二次方程 $ax^2+bx+c=0$ 的根。

程序如下：

```
a=input('a=?');
b=input('b=?');
c=input('c=?');
d=b*b-4*a*c;
x=[(-b+sqrt(d))/(2*a),(-b-sqrt(d))/(2*a)];
disp(['x1=',num2str(x(1)),',x2=',num2str(x(2))]);
```

程序输出为

```
a=?23
b=?-6
c=?51
x1=0.13043+1.4834i, x2=0.13044-1.4834i
```

3. 程序的暂停

暂停程序的执行可以使用 pause 函数，其调用格式为

```
pause(延迟秒数)
```

如果省略延迟时间，直接使用 pause，则将暂停程序，直到用户按任一键后程序继续执行。

　　若要强行中止程序的运行可使用 Ctrl＋C 组合键命令。

3.2.2　选择结构

1. if 语句

　　在 MATLAB 中，if 语句有 2 种格式。

1) 单分支 if 语句

if　条件

语句组

end

　　当条件成立时，则执行语句组，执行完之后继续执行 if 语句的后继语句，若条件不成立，则直接执行 if 语句的后继语句。

　　【例 3-4】计算分段函数的值。

　　程序如下：

```
x=input('请输入 x 的值:');
if x<=0
    y= (x+sqrt(pi))/exp(2);
else
    y=log(x+sqrt(1+x*x))/2;
end
y
```

　　结果如下：

```
请输入 x 的值:2
y =
    0.7218
```

2) 多分支 if 语句

```
if　条件 1
    语句组 1
    elseif　条件 2
    语句组 2
    ……
    elseif　条件 m
    语句组 m
    else
    语句组 n
    end
```

语句用于实现多分支选择结构。

【例 3-5】输入一个字符，若为大写字母，则输出其对应的小写字母；若为小写字母，则输出其对应的大写字母；若为数字字符则输出其对应的数值，若为其他字符则原样输出。

程序如下：

```
c=input('请输入一个字符','s');
if c>='A' & c<='Z'
    disp(setstr(abs(c)+abs('a')-abs('A')));
elseif c>='a'& c<='z'
    disp(setstr(abs(c)- abs('a')+abs('A')));
elseif c>='0'& c<='9'
    disp(abs(c)-abs('0'));
else
    disp(c);
end
```

结果如下：

```
请输入一个字符 etant
ETANT
```

2．switch 语句

switch 语句根据表达式的取值不同，分别执行不同的语句，其语句格式为

```
switch  表达式
    case  表达式 1
        语句组 1
    case  表达式 2
        语句组 2
        ……
    case  表达式 m
        语句组 m
    otherwise
        语句组 n
end
```

当表达式的值等于表达式 1 的值时，执行语句组 1，当表达式的值等于表达式 2 的值时，执行语句组 2，以此类推，当表达式的值等于表达式 m 的值时，执行语句组 m，当表达式的值不等于 case 所列的表达式的值时，执行语句组 n。当任意一个分支的语句执行完后，直接执行 switch 语句的下一句。

【例 3-6】某商场对顾客所购买的商品实行打折销售，标准如下(商品价格用 price 来表示)。

| price<200 | 没有折扣 |

```
200≤price<500        3%折扣
500≤price<1000       5%折扣
1000≤price<2500      8%折扣
2500≤price<5000      10%折扣
5000≤price           14%折扣
```

输入所售商品的价格，求其实际销售价格。

在 MATLAB 命令窗口下输入程序如下：

```
price=input('请输入商品价格');
switch fix(price/100)
    case {0,1}                %价格小于 200
       rate=0;
    case {2,3,4}              %价格大于等于 200 但小于 500
       rate=3/100;
    case num2cell(5:9)        %价格大于等于 500 但小于 1000
       rate=5/100;
    case num2cell(10:24)      %价格大于等于 1000 但小于 2500
       rate=8/100;
    case num2cell(25:49)      %价格大于等于 2500 但小于 5000
       rate=10/100;
    otherwise                 %价格大于等于 5000
       rate=14/100;
end
price=price*(1-rate)          %输出商品实际销售价格
```

结果：

```
请输入商品价格 569824
price =
  4.9005e+005
```

3.　try 语句

语句格式为

```
try
    语句组 1
catch
    语句组 2
end
```

try 语句先试探性执行语句组 1，如果语句组 1 在执行过程中出现错误，则将错误信息赋给保留的 lasterr 变量，并转去执行语句组 2。

【例 3-7】矩阵乘法运算要求两矩阵的维数相容，否则会出错。先求两矩阵的乘积，若出错，则自动转去求两矩阵的点乘。

程序如下：

```
A=[1,2,3;4,5,6]; B=[7,8,9;10,11,12];
try
    C=A*B;
catch
    C=A.*B;
end
C
lasterr                 %显示出错原因
```

3.2.3 循环结构

1. for 语句

for 语句的格式为

```
for 循环变量=表达式 1:表达式 2:表达式 3
        循环体语句
    end
```

其中，表达式 1 的值为循环变量的初值，表达式 2 的值为步长，表达式 3 的值为循环变量的终值。步长为 1 时，表达式 2 可以省略。

【例 3-8】一个 3 位整数各位数字的立方和等于该数本身则称该数为水仙花数，输出全部水仙花数。

程序如下：

```
for m=100:999
m1=fix(m/100);          %求 m 的百位数字
m2=rem(fix(m/10),10);   %求 m 的十位数字
m3=rem(m,10);           %求 m 的个位数字
if m==m1*m1*m1+m2*m2*m2+m3*m3*m3
disp(m)
end
end
```

【例 3-9】已知 $n=100$，求 y 的值。

程序如下：

```
y=0;
n=100;
for i=1:n
  y=y+1/(2*i-1);
end
y
```

在实际 MATLAB 编程中，采用循环语句会降低其执行速度，所以前面的程序通常由下面的程序来代替。

```
n=100;
i=1:2:2*n-1;
y=sum(1./i);
y
```

for 语句更为一般的格式为

```
for 循环变量=矩阵表达式
    循环体语句
end
```

执行过程是依次将矩阵的各列元素赋给循环变量，然后执行循环体语句，直至各列元素处理完毕。

【例 3-10】写出下列程序的执行结果。

```
s=0;
a=[12,13,14;15,16,17;18,19,20;21,22,23];
for k=a
    s=s+k;
end
disp(s');
```

结果如下：

```
a =
    12    13    14
    15    16    17
    18    19    20
    21    22    23
disp(s')
    39    48    57    66
```

2. while 语句

while 语句的一般格式为

```
while (条件)
    循环体语句
end
```

其执行过程为：若条件成立，则执行循环体语句，执行后再判断条件是否成立，如果不成立则跳出循环。

【例 3-11】从键盘输入若干个数，当输入 0 时结束输入，求这些数的平均值和它们之和。

程序如下：

```
sum=0;
cnt=0;
val=input('Enter a number (end in 0):');
while (val~=0)
    sum=sum+val;
    cnt=cnt+1;
    val=input('Enter a number (end in 0):');
end
if (cnt > 0)
    sum
    mean=sum/cnt
end
```

3. break 语句和 continue 语句

与循环结构相关的语句还有 break 语句和 continue 语句。它们一般与 if 语句配合使用。

break 语句用于终止循环的执行。当在循环体内执行到该语句时，程序将跳出循环，继续执行循环语句的下一语句。

continue 语句控制跳过循环体中的某些语句。当在循环体内执行到该语句时，程序将跳过循环体中所有剩下的语句，继续下一次循环。

【例 3-12】求[100，200]之间第一个能被 21 整除的整数。

程序如下：

```
for n=100:200
if rem(n,21)~=0
    continue
end
break
end
n
```

4. 循环的嵌套

如果一个循环结构的循环体又包括一个循环结构，则称为循环的嵌套，或称为多重循环结构。

【例 3-13】若一个数等于它的各个真因子之和，则称该数为完数，如 6＝1＋2＋3，所以 6 是完数。求[1，500]之间的全部完数。

程序如下：

```
for m=1:500
s=0;
for k=1:m/2
```

```
if rem(m,k)==0
s=s+k;
end
end
if m==s
    disp(m);
end
end
6
28
496
```

3.3 函 数 文 件

1. 函数文件的基本结构

函数 M 文件不是独立执行的文件,它接受输入参数、提供输出参数,只能被程序调用,一个函数 M 文件通常包括以下几部分:函数定义语句;H1 帮助行;帮助文本;函数体或者脚本文件语句;注释语句。

为了易于理解,可以在书写代码时添加注释语句。这些注释语句在编译程序时会被忽略,因此不影响编译速度和程序运行速度,但是能够增加程序的可读性。

一个完整的函数 M 文件的结构如下。

`function f=fact(n)`	函数定义语句
`%Compute a facrorial value`	H1 行
`%FACT(N)returns the factorial of N`	帮助文本
`%usually denoted by N`	
`%Put simply,FACT(N) is PROD(1:N)`	注释语句
`F=prod(1:n);`	函数体

函数定义语句只在函数文件中存在,定义函数的名称、输入/输出参数的数量和顺序,脚本文件中没有该语句。

函数文件由 function 语句引导,其简化基本结构为

```
function 输出形参表=函数名(输入形参表)
注释说明部分
函数体语句
```

其中,以 function 开头的一行为引导行,表示该 M 文件是一个函数文件。函数名的命名规则与变量名相同。输入形参为函数的输入参数,输出形参为函数的输出参数。当输出形参多于一个时,则应该用方括号括起来。

【例 3-14】编写函数文件求半径为 r 的圆的面积和周长。

函数文件如下：

```
function [s,p]=fcircle(r)
%CIRCLE  calculate the area and perimeter of a circle of radii r
%r        圆半径
%s        圆面积
%p        圆周长
%2012 年 7 月 30 日编
s=pi*r*r;
p=2*pi*r;
```

2. 函数调用

函数调用的一般格式为

[输出实参表]=函数名(输入实参表)

要注意的是，函数调用时各实参出现的顺序、个数，应与函数定义时形参的顺序、个数一致，否则会出错。函数调用时，先将实参传递给相应的形参，从而实现参数传递，然后再执行函数的功能。

【例3-15】利用函数文件，实现直角坐标(x,y)与极坐标(ρ,θ)之间的转换。

函数文件 tran.m 程序如下：

```
function [rho,theta]=tran(x,y)
rho=sqrt(x*x+y*y);
theta=atan(y/x);
```

调用 tran.m 的命令文件 main1.m 程序如下：

```
x=input('Please input x=:');
y=input('Please input y=:');
[rho,the]=tran(x,y);
rho
the
```

在 MATLAB 中，函数可以嵌套调用，即一个函数可以调用别的函数，甚至调用它自身。一个函数调用它自身称为函数的递归调用。

【例3-16】利用函数的递归调用，求 n！。

n！本身就是以递归的形式定义的，显然，求 n！需要求$(n-1)!$，这时可采用递归调用。递归调用函数文件 factor.m 如下。

```
function f=factor(n)
if n<=1
    f=1;
else
    f=factor(n-1)*n;      %递归调用求(n-1)!
end
```

3.　函数参数的可调性

在调用函数时，MATLAB 用两个永久变量 nargin 和 nargout 分别记录调用该函数时的输入实参和输出实参的个数。只要在函数文件中包含这两个变量，就可以准确地知道该函数文件被调用时的输入输出参数个数，从而决定函数如何进行处理。

【例 3-17】nargin 用法示例。

函数文件 examp.m 程序如下：

```
function fout=charray(a,b,c)
if nargin==1
  fout=a;
elseif nargin==2
  fout=a+b;
elseif nargin==3
  fout=(a*b*c)/2;
end
```

命令文件 mydemo.m 程序如下：

```
x=[1:3];
y=[1;2;3];
examp(x)
examp(x,y')
examp(x,y,3)
```

4.　全局变量与局部变量

函数文件所定义的变量是局部变量，这些变量只能在该函数的控制范围内引用，而不能在其他函数中引用。而全局变量变量则不一样，全局变量可以在整个 MATLAB 工作空间进行存取和修改。

全局变量用 global 命令定义，格式为

```
global 变量名
```

【例 3-18】全局变量应用示例。

先建立函数文件 wadd.m，该函数将输入的参数加权相加。

```
function f=wadd(x,y)
global ALPHA BETA
f=ALPHA*x+BETA*y;
```

在命令窗口中输入：

```
global ALPHA BETA
ALPHA=1;
BETA=2;
s=wadd(1,2)
```

输出为

```
s=
    5
```

3.4 程 序 举 例

【例 3-19】猜数游戏。

首先，由计算机产生[1,100]之间的随机整数，然后由用户猜测所产生的随机数。根据用户猜测的情况给出不同提示，如猜测的数大于产生的数，则显示"High"，小于则显示"Low"，等于则显示"You won"，同时退出游戏。用户最多可以猜 7 次。

【例 3-20】用筛选法求某自然数范围内的全部素数。

素数是大于 1，且除了 1 和它本身以外，不能被其他任何整数所整除的整数。用筛选法求素数的基本思想是：要找出 2～m 之间的全部素数，首先在 2～m 中划去 2 的倍数(不包括 2)，然后划去 3 的倍数(不包括 3)，由于 4 已被划去，再找 5 的倍数(不包括 5)，……，直到再划去不超过的数的倍数，剩下的数都是素数。

【例 3-21】设，求 $s = \int_a^b f(x)\mathrm{d}x$。

求函数 $f(x)$ 在[a,b]上的定积分，其几何意义就是求曲线 $y=f(x)$ 与直线 $x=a$、$x=b$、$y=0$ 所围成的曲边梯形的面积。为了求得曲边梯形面积，先将积分区间[a,b]分成 n 等分，每个区间的宽度为 $h=(b-a)/n$，对应地将曲边梯形分成 n 等分，每个小部分即是一个小曲边梯形。近似求出每个小曲边梯形面积，然后将 n 个小曲边梯形的面积加起来，就得到总面积，即定积分的近似值。近似地求每个小曲边梯形的面积，常用的方法有矩形法、梯形法以及辛普生法等。

【例 3-22】Fibonacci 数列定义如下。

```
f₁=1
f₂=1
fₙ=fₙ₋₁+fₙ₋₂    (n>2)
```

求 Fibonacci 数列的第 20 项。

【例 3-23】根据矩阵指数的幂级数展开式求矩阵指数。

3.5 程 序 调 试

程序调试是程序设计的重要环节，也是程序设计人员必须掌握的重要技能，MATLAB 提供了相应的程序调试功能，既可以通过文本编辑器对程序进行调试，又可以在命令窗口结合具体的命令进行。

1. 程序调试概述

在 MATLAB 的命令表达式中，一般来说，应用程序可能存在的错误有两种类型，一类是语法错误，另一类是运行错误。

(1) 语法错误。语法错误发生在 M 文件程序代码的生成过程中，一般是由编程人员的错误操作引起的，常见的如变量或函数名拼写错误、引号或括号以及标点符号缺少或应用不当，也可能是由函数参数输入类型有误或是矩阵运算结束不符等引起的。

(2) 运行错误。运行错误一般是指程序的运行结果有错误，这类错误也称为程序逻辑错误，如出现溢出或是死循环等异常现象。

2. 调试器

1) Debug 菜单项

该菜单项用于程序调试，需要与 Breakpoints 菜单项配合使用。

2) Breakpoints 菜单项

该菜单项共有 6 个菜单命令，前两个是用于在程序中设置和清除断点的，后 4 个是设置停止条件的，用于临时停止 M 文件的执行，并给用户一个检查局部变量的机会，相当于在 M 文件指定的行号前加入了一个 keyboard 命令。

3. 调试命令

除了采用调试器调试程序外，MATLAB 还提供了一些命令用于程序调试。命令的功能和调试器菜单命令类似，具体使用方法请读者查询 MATLAB 帮助文档。

 导入案例

一个数字游戏的设计

存在这样一个数字游戏：在一个 20×10 的矩阵中，0～99 这 100 个数顺序排列在奇数列中(每 20 个数组成一列)，另有 100 个图案排列在偶数列中，这样每个数字右边就对应一个图案。任意想一个两位数 a，再让 a 减去它的个位数字与十位数字之和得到一个数 b，然后，在上述矩阵的奇数列中找到 b，将 b 右边的图案记在心里，最后单击指定的按钮，心里的那个图案将被显示。

下面就来编写程序模拟一下这个小游戏，以[0,1]之间的小数代替矩阵中的图案，由 MATLAB 程序实现如下。

程序 I：

```
% "测心术"游戏
format short
a=1;t=0;
while a
a1=rand(100,1);
k=3;s=[];
```

```
while k<=10
a1(9*k+1)=a1(19);
k=k+1;
end
a2=reshape(a1,20,5);
a3=reshape(99:-1:0,20,5);
for i=1:5
s=[s,a3(:,i),a2(:,i)];    %生成矩阵
end
if ~t
disp(' //任意想一个两位数a,然后将这个两位数减去它的个位数字与十位数字之和,');
disp(' //得到数字b,再在下面矩阵的奇数列中找到b,最后记住其右边对应的小数c');
pause(10); t=t+1;
end
disp(' '); disp(s);
pause(5); disp(' ');
d=input(' //确定你已经完成计算并记下了那个小数,按Enter 键呈现此数字\n');
disp(s(19,2)); pause(3); disp(' ');
a=input(' // 'Enter'退出; =>'1'再试一次\n');
end
```

使用说明：运行程序 I 生成一个 20×10 的矩阵 s，任意想一个两位数 a，按照上面所说的步骤操作，然后在 s 的奇数列中找到 b，将 b 右边的小数记在心里，再调用，然后选中两位数 a，再按 Enter 键，则可以显示所记下的那个小数。(运行演示略)

原理说明：设任意一个两位数 $a=10+$，则 $a-(+)9=b$，所以 b 一定是 9 的倍数，且只可能在 9 到 81 之间，明白了这一点，上面程序中的各种设置就一目了然了。

知识拓展

编程小技巧

(1) %后面的内容是程序的注解，要善于运用注解使程序更具有可读性。

(2) 养成在主程序开头用 clear 命令清除变量的习惯，以消除工作空间中其他变量对程序运行的影响。但注意在子程序中不要用 clear。

(3) 参数值要集中放在程序的开始部分，以便维护。要充分利用 MATLAB 工具箱提供的指令来执行所要进行的运算，在语句行之后输入分号使其及中间结果不在屏幕显示以提高执行速度。

(4) 程序尽量模块化，也就是采用主程序调用子程序的方法，将所有子程序合并在一起来执行全部的操作。

(5) 充分利用 Debugger 来进行程序的调式(设置断点、单步只想、连续执行)。

(6) 设置好 MATLAB 的工作路径，以便程序运行。

习　题　三

1. 从键盘输入一个 4 位整数，按如下规则加密后输出，加密规则：每位数字都加上 7 然后用和除以 10 的余数取代该数字；再把第一位与第三位交换，第二位与第四位交换。

参考答案

```
A=input('输入四位整数 A')
b=fix(A/1000)
B=b+7
c=rem(fix(A/100),10)
C=c+7
d=rem(fix(A/10),10)
D=d+7
e=rem(A,10)
E=e+7
A=(B+C+D+E)/10
m=b,b=d,d=m
n=c,c=e,e=n
A=d*1000+e*100+b*10+c


A=input('输入四位整数 A');
```

运行结果：
输入四位整数 A 1234

```
A =1234
b =1
B =8
c =2
C =9
d =3
D =10
e =4
E =11
A =3.8000
m =1
b =3
d =1
n =2
c =4
```

```
e =2
A =1234
```

2. 分别用 if 语句和 switch 语句实现以下计算，其中 a、b、c 的值从键盘输入。

$$y = \begin{cases} ax^2 + bx + c; & 0.5 \leqslant x < 1.5 \\ a\sin^2 cb + x; & 1.5 \leqslant x < 3.5 \\ \ln\left|b + \dfrac{c}{x}\right|; & 3.5 \leqslant x < 5.5 \end{cases}$$

3. 输入 20 个数，求其中的最大数和最小数。要求分别用循环结构和调用 MATLAB 的 max 函数、min 函数实现。

4. 已知

$$s = 1 + 2 + 2^2 + 2^3 + \cdots + 2^{63}$$

分别用循环结构和调用 MATLAB 的 sum 函数求 s 的值。

参考答案

循环结构：

```
s=0;
for i=0:63
s=s+2^i;
end
>> s
s =
    1.8447e+019
```

调用 sum 函数：

```
>> n=63;
i=0:n;
f=2.^i;
s=sum(f)
s =
    1.8447e+019
```

5. 编写一个函数文件，用于求 2 个矩阵的乘积和点乘，然后在命令文件中调用该函数。

6. 编写一个函数文件，求小于任意自然数 n 的斐波那契(Fibonacci)数列各项。Fibonacci 数列定义如下。

$$\begin{cases} f_1 = 1 \\ f_2 = 1 \\ f_n = f_{n+1} + f_{n+2}; \ n > 2 \end{cases}$$

7．试定义一个字符串 string，使其至少有内容(contents)和长度(length)两个数据成员，并具有显示字符串、求字符串长度、在原字符串后添加一个字符串等功能。

8．编写程序，该程序能读取一个文本文件，并能将文本文件中的小写字母转换为相应的大写字母而生成一个新的文本文件。

9．写出下列程序的输出结果。

(1)

```
s=0;
a=[12,13,14;15,16,17;18,19,20;21,22,23];
for k=a
    for j=1:4
        if rem(k(j),2)~=0
            s=s+k(j);
        end
    end
end
s
```

参考答案

```
s=108
```

(2)

```
N=input('N=');
c=(1:2*N-1)='*';
for i=1:N
    c1(1:16)='';
    k=N+1-i;
    c1(k:k+2*i-2)=c(1:2*i-1);
    disp(c1);
end
```

当 N 的值取为 5 时，写出输出结果。

参考答案

```
x= 4  12  20
y= 2   4   6
```

(3) 命令文件 ex82.m:

```
global x
x=1:2:5;y=2:2:6;
exsub(y);
x

y
```

函数文件 exsub.m:

```
function fun=sub(z)
global x
z=3*x;x=x+z;
```

(4) 函数文件 mult.m:

```
function a=mult(var)
a=var{1};
for i=2:length(var)
    a=a*var{i};
end
```

命令文件 pp.m:

```
p=[17,-6;35,-12];
p=mult({p;p;p;p;p})
```

实验三　选择结构和循环结构的程序设计

实验目的:

1. 掌握建立和执行 M 文件的方法。
2. 掌握利用 if 语句实现选择结构的方法。
3. 掌握利用 switch 语句实现多分支选择结构的方法。
4. 掌握 try 语句的使用。
5. 掌握利用 for 语句实现循环结构的方法。
6. 掌握利用 while 语句实现循环结构的方法。
7. 熟悉利用向量语句来代替循环操作的方法。

实验要求:

1. 通过本次实验对于 M 文件的操作有个基本的了解。
2. 掌握 MATLAB 中选择结构和循环结构的程序设计的方法。
3. 实验过程中要求同学们态度端正,认真实验,代码尽可能自己编写。

实验内容:

一、选择结构程序设计

1. 求下列分段函数的值。

$$y = \begin{cases} x^2 + x - 6; & x < 0 \text{ 且 } x \neq 3 \\ x^2 - 5x + 6; & 0 \leqslant x < 10, \ x \neq 2 \text{ 且 } \neq 3 \\ x^2 - x - 1; & \text{其他} \end{cases}$$

要求:

(1) 用 if 语句实现分别输出用 $x = -5.0$、-3.0、1.0、2.0、2.5、3.0、5.0 时 y 的值。

(2) 仿照实验一的第 1 题第 4 小题,用逻辑表达式实现,从而体会 MATLAB 逻辑表达式的一种应用。

参考答案

```
clear all
m=[-5.0,-3.0,1.0,2.0,2.5,3.0,5.0];
for x=m
if x<0&x~=3
y1=x^2+x-6;
disp(['y= ',num2str(y1)])
elseif x>=0&x<5&x~=2&x~=3
y2=x^2-5*x+6;
disp(['y= ',num2str(y2)])
else
y3=x^2-x-1;
disp(['y= ',num2str(y3)])
end
end
```

2. 输入一个百分制成绩,要求输出成绩等级 A、B、C、D、E。其中 90~100 分为 A, 80~89 为 B, 70~79 为 C, 60~69 为 D, 60 分以下为 E。

要求:

(1) 分别用 if 语句和 switch 语句实现。

(2) 输入百分制成绩要判断成绩的合理性,对不合理的成绩应输出出错信息。

参考答案

```
clear all
x=input('请输入成绩: ');
while (x>100|x<0)
x=input('输入错误,请重新输入成绩: ');
end
```

```
switch fix(x/10)
case {9,10}
disp('A')
case {8}
disp('B')
case {7}
disp('C')
case {6}
disp('D')
case {0,1,2,3,4,5}
disp('E')
end
```

3. 假定某地区电话收费标准为：通话时间在 3 分钟以下，收费 0.5 元；3 分钟以上，则每超过一分钟加收 0.15 元；在 7:00～22:00 之间通话者，按上述收费标准全价收费，在其他时间通话者，按上述收费标准半价收费。计算某人在 $t1$ 时间通话至 $t2$ 时间，应缴多少话费。

提示：

(1) $t1$、$t2$ 从键盘输入，通话时间为 $t2$ 减去 $t1$，相减时可以将 $t1$、$t2$ 化成秒为单位再相减。

(2) 为了简化程序，根据开始通话的时间来判断是否半价收费。

(3) 也可以用 clock 函数得到机器时间，可以利用帮助功能查询该函数的用法，以程序开始运行的时间作为通话的时间 $t1$，程序设暂停语句，以暂停结束的时间作为通话结束的时间 $t2$。

二、循环结构程序设计

1. 根据 $\dfrac{\pi^2}{6} = \dfrac{1}{1^2} + \dfrac{1}{2^2} + \dfrac{1}{3^2} + \cdots + \dfrac{1}{n^2}$，求 π 的近似值。当 n 分别取 100、1000、10000 时，结果是多少？

要求：分别用循环结果和向量运算(sum 函数)来实现。

参考答案

```
clear all
s1=0;
for n=1:100
x=1/(n^2);
s1=s1+x;
end
disp(['当N等于100时： ',num2str(s1)])
s2=0;
for n=1:1000
```

```
x=1/(n^2);
s2=s2+x;
end
disp(['当 N 等于 1000 时：',num2str(s2)])
s3=0;
for n=1:10000
x=1/(n^2);
s3=s3+x;
end
disp(['当 N 等于 10000 时：',num2str(s3)])
```

2．根据 $y = 1 + \dfrac{1}{3} + \dfrac{1}{5} + \cdots + \dfrac{1}{2n-1}$，求以下两项的值。

(1) $y < 3$ 时的最大 n 值。

(2) 与(1)对应 n 值对应的 y 值。

参考答案

```
clear all
n=1;
y=0;
while (y<3)
x=1/(2*n-1);
n=1+n;
y=y+x;
end
disp(['y<3 时 n 的最大值是:',num2str(n-2)])
disp(['相应的 y 值是:',num2str(y-x)])
```

3．一个 3 位整数的各位数字的立方和等于该数的本身，则称为水仙花数。试输出全部水仙花数。

要求：

(1) 用循环结构实现。

(2) 用向量运算实现。

4．已知

$$
\begin{cases}
f_1 = 1; & n = 1 \\
f_2 = 0; & n = 2 \\
f_3 = 1; & n = 3 \\
f_n = f_{n-1} - 2f_{n-2} + f_{n-3}; & n > 3
\end{cases}
$$

求 $f_1 \sim f_{100}$ 中：

(1) 最大值、最小值、各数之和。

(2) 正数、零、负数的个数。

参考答案

```
clear all
for n=1:4
if n==1
f1=1;
elseif n==2
f2=0;
elseif n==3
f3=1;
else
a=f3-2*f2+f1;
b=a-2*f3+f2;
c=b-2*a+f3;
d=c-2*b+a;
H=[1,0,1,a,b,c,d];
for m=8:4:99
a=d-2*c+b;
b=a-2*d+c;
c=b-2*a+d;
d=c-2*b+a;
H=[H,a,b,c,d];
end
f100=d-2*c+b;
end
end
max=max(H);
min=min(H);
sum=sum(H);
disp(['最大值是: ',num2str(max)])
disp(['最小值是: ',num2str(min)])
disp(['各数和是: ',num2str(sum)])
k=0;
l=0;
p=0;
for e=H
if e>0
k=k+1;
elseif e<0
l=l+1;
```

```
else
p=p+1;
end
end
disp(['正数的个数是: ',num2str(k)])
disp(['负数的个数是: ',num2str(l)])
disp(['零的个数是:  ',num2str(p)])
```

第**4**章

MATLAB 文件操作

在 MATLAB 中，当需要命令较多时，或需要改变变量的值进行重复验证时，可以将 MATLAB 命令逐条输入到一个文本中运行，其扩展名为 ".m"，即 M 文件。

MATLAB 程序的 M 文件又分为 M 脚本文件(M－Script)和 M 函数(M-Function)，它们均是由普通的 ASCII 码构成的文本文件。M 函数格式是 MATLAB 程序设计的主流，而 MATLAB 提供了对数据文件建立、打开、读、写以及关闭等一系列函数。

教学要求：要求学生学会建立 M 文件及其相关操作。

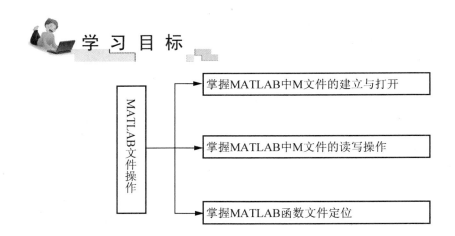

学 习 目 标

```
                            ┌──────────────────────────────┐
                    ┌──────▶│ 掌握MATLAB中M文件的建立与打开 │
                    │       └──────────────────────────────┘
         ┌───────┐  │       ┌──────────────────────────────┐
         │ MATLAB │─┼──────▶│ 掌握MATLAB中M文件的读写操作    │
         │ 文件操作 │  │       └──────────────────────────────┘
         └───────┘  │       ┌──────────────────────────────┐
                    └──────▶│ 掌握MATLAB函数文件定位         │
                            └──────────────────────────────┘
```

4.1　文件的打开与关闭

1. 文件的打开

在读写文件之前，必须先用 fopen 命令打开一个文件，并指定允许对文件进行的操作。文件结束后，应及时关闭文件，以免数据的丢失或误修改。

fopen 函数的调用格式为

```
fid= fopen(文件名,打开方式)
```

其中，文件名用字符串形式，表示待打开的数据文件。常见的打开方式有：'r' 表示对打开的文件读数据，'w' 表示对打开的文件写数据，'a' 表示在打开的文件末尾添加数据。

fid 用于存储文件句柄值，句柄值用来标识该数据文件，其他函数可以利用它对该数据文件进行操作。

文件数据格式有两种形式：一是二进制文件；二是文本文件。在打开文件时需要进一步指定文件格式类型，即指定是二进制文件还是文本文件。

2. 文件的关闭

文件在进行完读、写等操作后，应及时关闭以保证文件的安全可靠。关闭文件用 fclose 函数，调用格式为

```
sta=fclose(fid)
```

该函数关闭 fid 所表示的文件。sta 表示关闭文件操作的返回代码，若关闭成功，返回 0，否则返回–1。

4.2　文件的读写操作

1. 二进制文件的读写操作

1) 读二进制文件

fread 函数可以读取二进制文件的数据，并将数据存入矩阵。其调用格式为

```
[A,COUNT]=fread(fid,size, precision)
```

其中，A 用于存放读取的数据，COUNT 返回所读取的数据元素个数，fid 为文件句柄，size 为可选项，若不选用则读取整个文件内容，若选用则它的值可以是下列值。

(1) N：表示读取 N 个元素到一个列向量。

(2) Inf：表示读取整个文件。

(3) $[M,N]$：表示读数据到 $M \times N$ 的矩阵中，数据按列存放。

precision 代表读写数据的类型。

例如：
```
FID=fopen('std.dat','r');
A=fread(Fid,100,'long');
Sta=fclose(fid);
```

以读数据的方式打开数据文件 std.dat，并按长整型数据格式读取文件的前 100 个数据放入向量 A，然后关闭。

2) 写二进制文件

fwrite 函数按照指定的数据类型将矩阵中的元素写入到文件中。其调用格式为

```
COUNT=fwrite (fid, A, precision)
```

其中，COUNT 返回所写的数据元素个数，fid 为文件句柄，A 用来存放写入文件的数据，precision 用于控制所写数据的类型，其形式与 fread 函数相同。

【例 4-1】建立一个数据文件 magic5.dat，用于存放 5 阶魔方阵。

程序如下：

```
fid=fopen('magic5.dat','w');
cnt=fwrite(fid,magic(5),'int32');
fclose(fid);
```

2. 文本文件的读写操作

1) 读文本文件

fscanf 函数的调用格式为

```
[A,COUNT]= fscanf (fid, format, size)
```

其中，*A* 用以存放读取的数据，COUNT 返回所读取的数据元素个数，fid 为文件句柄，format 用以控制读取的数据格式，由%加上格式符组成，常见的格式符有 d(整型)、f(浮点型)、c(字符型)、s(字符串型)。size 为可选项，决定矩阵 *A* 中数据的排列形式。

2) 写文本文件

fprintf 函数可以将数据按指定格式写入到文本文件中。其调用格式为

```
COUNT= fprintf(fid, format, A)
```

其中，*A* 存放要写入文件的数据。先按 format 指定的格式将数据矩阵 *A* 格式化，然后写入到 fid 所指定的文件，格式符与 fscanf 函数相同。

4.3 数据文件定位

MATLAB 提供了与文件定位操作有关的函数 fseek 和 ftell。fseek 函数用于定位文件位置指针，其调用格式为

```
status=fseek(fid, offset, origin)
```

其中，**fid** 为文件句柄，offset 表示位置指针相对移动的字节数，若为正整数表示向文

件尾方向移动,若为负整数表示向文件头方向移动,origin 表示位置指针移动的参照位置,它的取值有 3 种可能:'cof'表示文件的当前位置,'bof'表示文件的开始位置,'eof'表示文件的结束位置。若定位成功,status 返回值为 0,否则返回值为–1。

ftell 函数返回文件指针的当前位置,其调用格式为

```
position=ftell (fid)
```

返回值为从文件开始到指针当前位置的字节数。若返回值为–1 表示获取文件当前位置失败。

导入案例

文件操作

创建两个 mat 文件,在 Ex0808_1.mat 文件中写入 1～10 的数据,并进行求和,在 Ex0808_2.mat 文件中写入 1、2、3 三个数据,将第二个数据与前面所求的和进行相乘运算。程序保存在 Ex0808.m 文件中,

程序代码如下:

```
% Ex0808    文件读取和定位
x=1:10;
s=0;
fid1=fopen('Ex0808_1.mat','w+')     %打开文件读写数据
fwrite(fid1,x);                     %写入数据
frewind(fid1);                      %指针移到文件开头
while feof(fid1)==0                 %判断是否到文件末尾
    a1=fread(fid1,1)                %读取数据
    if isempty(a1)==0               %判断是否为空值
            s=a1+s                  %求和
     end
end
fclose(fid1);
y=[1 2 3];
fid2=fopen('Ex0808_2.mat','w+')     %打开文件读写数据
fwrite(fid2,y)                      %写入数据
fseek(fid2,-2,'eof')               %指针移动到第二个数据
a2=fread(fid2,1)                    %读取数据
s=s*a2
fclose(fid2);
```

运行结果得出：

```
s =
   110
```

程序说明：

(1) 使用文件位置控制就可以不用反复打开和关闭文件，而直接从文件中读写数据。

(2) 使用 while 循环结构，从文件中读取数据，直到文件末尾。

(3) 当文件位置指针移动到文件最后时，取出的数据为空值，但 feof 函数返回 0，因此用 isempty 函数判断是否为空值来判断是否到文件最后，文件指针再向下移则到文件末尾，feof 函数返回 1。

(4) "fseek(fid2,-2,'eof')" 语句是将文件位置指针从末尾向前 2 个数据。

 知识拓展

MATLAB 播放电影

在 MATLAB 中可以将一系列的图像保存为电影，这样使用电影播放函数就可以进行回放，保存方法可以同保存其他 MATLAB 工作空间变量一样，通过采用 MAT 文件格式保存。但是若要浏览该电影，必须在 MATLAB 环境下。在以某种格式存写一系列的 MATLAB 图像时，不需要在 MATLAB 环境下进行预览，通常采用的格式为 AVI 格式。AVI 是一种文件格式，在 PC 上的 Windows 系统或 UNIX 操作系统下可以进行动画或视频的播放。

若要以 AVI 格式来存写 MATLAB 图像，步骤如下。

(1) 用 avifile 函数建立一个 AVI 文件。

(2) 用 addframe 函数来捕捉图像并保存到 AVI 文件中。

(3) 使用 close 函数关闭 AVI 文件。

注意：若要将一个已经存在的 MATLAB 电影文件转换为 AVI 文件，需使用函数 movie2avi。函数原型为

```
movie2avi(mov,filename)
movie2avi(mov,filename,param,value,param,value...)
```

习　题　四

1. 编写一个函数文件，用于求两个矩阵的乘积和点乘，然后在命令文件中调用该函数。

2. 编写一个函数文件，求小于任意自然数 *n* 的斐波那契(Fibonacci)数列各项。Fibonacci 数列定义如下。

$$\begin{cases} f_1 = 1 \\ f_2 = 1 \\ f_n = f_{n+1} + f_{n+2}; \quad n > 2 \end{cases}$$

3．产生 20 个两位随机整数，输出其中小于平均值的偶数。

4．硅谷公司员工的工资计算方法如下。

(1) 工作时数超过 120 小时者，超过部分加发 15%。

(2) 工作时数低于 60 小时者，扣发 700 元。

(3) 其余按每小时 48 元计发。

参考答案

```
clear all
x=input('请输入员工号:');
y=input('请输入工作时长:');
if y>120
    a=84*120+(y-120)*84*0.15;
    disp(['您本月的工资是:',num2str(a)])
elseif y<60
    b=84*y-700;
    disp(['您本月的工资是:',num2str(b)])
else
    c=84*y;
    disp(['您本月的工资是:',num2str(c)])
end
>>请输入员工号:001
  请输入工作时长:40
  您本月的工资是:2660
>> 请输入员工号:002
  请输入工作时长:130
  您本月的工资是:10206
>>请输入员工号:003
  请输入工作时长:70
  您本月的工资是:5880
```

实验四　函　数　文　件

实验目的:

1．掌握定义和调用 MATLAB 函数的方法。

2．掌握 MATLAB 文件的基本操作。

实验要求：

1．进一步熟悉和掌握 MATLAB 编程及调试。

2．进一步熟悉 M 文件调试过程。

3．掌握函数的定义和调用。

实验内容：

1．定义一个函数文件，求给定的复数的指数、对数、正弦和余弦，并在命令文件中调用该函数文件。

参考答案

```
clear all
a=input('请输入一个复数:');
[e,l,s,c]=fushu(a);
```

程序中的 fushu 是第 1 题的调用函数。

2．一个物理系统可以用下列方程组来表示。

$$\begin{bmatrix} m_1\cos\theta & -m_1 & -\sin\theta & 0 \\ m_1\sin\theta & 0 & \cos\theta & 0 \\ 0 & m_2 & -\sin\theta & 0 \\ 0 & 0 & -\cos\theta & 1 \end{bmatrix} \begin{bmatrix} a_1 \\ a_2 \\ N_1 \\ N_2 \end{bmatrix} = \begin{bmatrix} 0 \\ m_1g \\ 0 \\ m_2g \end{bmatrix}$$

从键盘输入 m_1、m_2 和 θ 的值，求 a_1、a_2、N_1、N_2 的值。其中 g 取 9.8，输入 θ 时以角度为单位。

要求：定义一个求线性方程组 $AX=B$ 根的函数文件，然后在命令文件中调用该函数文件。

参考答案

```
clear all
m1=input('请输入 m1 的值：');
m2=input('请输入 m2 的值：');
m3=input('请输入 θ 的值：');
J=jiefangcheng(m1,m2,m3);
```

程序中的 jiefangcheng 是第 2 题的调用函数。

3．一个自然数是素数，且它的各个位数的位置经过任意对换后仍为素数，则称为绝对素数，试求所有两位数的绝对素数。

要求：定义一个判断素数的函数文件。

参考答案

```
clear all
for n=10:99
a=sushu(n);
end
```

程序中的 sushu 是第 3 题的调用函数。

4. 统计一个文本文件中每个英文字母出现的次数，不区分字母的大小写。

参考答案

```
clear all
y=input('请输入一个数或矩阵：');
disp('输入的数或矩阵 x 是：')
disp(y)
L=fx(y);
```

各个调用函数编写如下：

```
fushu.m
function [e,l,s,c]=fushu(x)
e=exp(x);
l=log(x);
s=sin(x);
c=cos(x);
disp(['复数 e 的指数是：',num2str(e)])
disp(['复数 e 的对数是：',num2str(l)])
disp(['复数 e 的正弦是：',num2str(s)])
disp(['复数 e 的余弦是：',num2str(c)])


fx.m
function L=fx(y)
[m,n]=size(y);  %得到矩阵 y 的行数和列数
K=[];
for a=1:n
for b=1:m
x=sub2ind(size(y),b,a);
h=1/((x-2)^2+0.1)+1/((x-3)^4+0.01);
K=[K,h];
end
end
L=reshape(K,n,m);%将 K 矩阵重新排列成 m×n 的二维矩阵
disp('则 f(x)=')
disp(L')
```

```
jiefangcheng
function J=jiefangcheng(m1,m2,m3)
H=[m1*cos(m3*pi/180) -m1 -sin(m3*pi/180) 0
m1*sin(m3*pi/180) 0 cos(m3*pi/180) 0
0 m2 -sin(m3*pi/180) 0
0 0 -cos(m3*pi/180) 1];
K=[0;m1*9.8;0;m2*9.8];
J=inv(H)*K;
disp(['方程组的解是：',num2str(J')])
sushu
function a=sushu(b)
x=fix(b/10);
y=rem(b,10);
c=0;
d=0;
for m=1:b
if rem(b,m)==0
c=c+1;
end
end
for n=1:10*y+x
if rem((10*y+x),n)==0
d=d+1;
end
end
if c==2&d==2
a=b;
disp(['绝对素数是：',num2str(a)])
else
a=0; %这里可以任意赋值,目的是让程序执行
end
```

程序中的 fx 是第 4 题的调用函数。

第**5**章

MATLAB 符号运算

　　数学计算有数值计算与符号计算之分。这两者的根本区别是：数值计算的表达式、矩阵变量中不允许有未定义的自由变量，而符号计算可以含有未定义的符号变量。Matlab 功能强大，而 Matlab 的符号运算是 Matlab 的基本特性。Matlab 符号运算是通过符号数学工具箱(Symbolic Math Toolboxl)来实现的。Matlab 符号数学工具箱是建立在功能强大的 Maple 软件的基础上的，当 Matlab 进行符号运算时，它就请求 Maple 软件去计算并将结果返回给Matlab。而 Matlab 符号数学工具箱可以完成几乎所有的符号运算功能，主要包括：符号表达式的运算、符号表达式的复合与化简、符号矩阵的运算、符号微积分、符号代数方程求解、符号微分方程求解等。此外，该工具箱还支持可变精度运算，即支持以指定的精度返回结果。

　　Matlab 符号运算的特点是，计算以推理方式进行，因此不受计算误差累积所带来的困扰，并且符号计算指令的调用比较简单，与数学教科书上的公式相近，但是符号计算所需的运行时间相对较长。

　　教学要求： 通过本章的学习，可以掌握 matlab 基本的符号运算，如数值符号运算、符号微积分的运算、符号积分变换符号方程的求解方法。

学 习 目 标

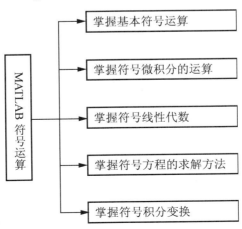

5.1 符号运算简介

符号对象是符号工具箱中定义的另一种数据类型。符号对象是符号的字符串表示。在符号工具箱中符号对象用于表示符号变量、表达式和方程。

5.1.1 符号变量、表达式的生成

MATLAB 中有两个函数用于符号变量、符号表达式的生成,这两个函数为 sym 和 syms,分别用于生成一个或多个符号对象。

1. sym 函数

sym 函数可以用于生成单个的符号变量。该函数的调用格式为:

```
s=sym(A)
```

如果参数 A 为字符串,则返回的结果为一个符号变量或者一个符号数值;如果 A 是一个数字或矩阵,则返回结果为该参数的符号表示。

```
x=sym('x')
```

该命令创建一个符号变量,该变量的内容为 x,表达为 x。还可以指定变量的数学属性,具体格式如下:

```
s=sym('s','real')声明变量 s 为实数类型
s=sym('s','real'),指定符号变量 s 为实数。
s=sym('s','unreal')声明变量为非实数类型
s=sym('s','positive')声明变量为整数类型
s=sym(A,flag),其中 参数 flag 可以为'r','d','e'或者'f'中的一个。该函数将数值标
量或者矩阵转化为参数形式,该函数的第 2 个参数用于指定浮点数转化的方法。
```

以下是用 sym 命令定义 3 个变量的方法:

```
>> x=sym('x')    %创建变量 x
>> y=sym('y')    %创建变量 y
>> z=sym('z')    %创建变量 z
```

2. syms 函数

函数 sym 一次只能定义一个符号变量,使用不方便。MATLAB 提供了另一个函数 syms,一次可以定义多个符号变量。syms 函数的一般调用格式为:

```
syms  符号变量名1符号变量名2…符号变量名 n
```

不要在变量名上加字符串分界符('),变量分隔用空格而不要用逗号分隔。
注意:
(1) syms 一次可以定义多个符号变量;
(2) syms 命令 sym 函数的缩写形式;syms x y real 等价于 x=sym('x','real'); y=sym('y','real');
(3) MatLab 提倡使用 syms 命令,因为书写更方便、清楚。

【例 5-1】 以下是 sym 命令与 syms 命令的区别。

(1) sym 命令。

```
>> a=sym a
>> b=sym b
>> y=a*b
>> f=y^3-y^2-y

f =
a^3*b^3 - a^2*b^2 - a*b
```

(2) syms 命令。

```
>> syms a b
>> y=a*b
>> f=y^3-y^2-y

f =
a^3*b^3 - a^2*b^2 - a*b
```

3. 建立符号表达式

含有符号对象的表达式称为符号表达式。建立符号表达式有以下 2 种方法。

1) 用 sym 函数建立符号表达式

【例 5-2】 用 sym 建立符号表达式 $y=ax^2+bx$ 和 $y=e^{x+3}-\sqrt{x}$ 。

(1) $y=ax^2+bx$ 。

第一步：在 matlab 命令窗口中输入如下命令。

```
>> y=sym('a*x^2+b*x')    %括号的内容必须是字符串
```

第二步：按 "enter" 键，得到的结果如下。

```
y =
a*x^2 + b*x
```

(2) $y=e^{x+3}-\sqrt{x}$ 。

第一步：在 matlab 命令窗口中输入如下命令。

```
>> y=sym('exp(x+3)-sqrt(x)')
```

第二步：按 "enter" 键，得到的结果如下。

```
y =
exp(x + 3) - x^(1/2)
```

2) 使用已经定义的符号变量组成符号表达式

【例 5-3】 建立表达式 $y=\sin(xy)$ 。

方法一：

```
>> syms x y
```

```
>> y=sym(sin(x*y))

y =
sin(x*y)
```

方法二：

```
>> syms x y
>>y=sin(x*y)

y =
sin(x*y)
```

4. 符号矩阵

符号矩阵也是一种符号表达式。符号表达式运算都可以在矩阵意义下进行。

符号矩阵的创建方法：

```
>> syms a b c d
>> A=[a b;c d]
>> B=[a c;b d];
>> A*B
ans =
[ a^2+b^2, a*c+b*d]
[ a*c+b*d, c^2+d^2]
```

MATLAB 还有一些专用于符号矩阵的函数，这些函数作用于单个的数据无意义。例如

```
transpose(A):返回 A 矩阵的转置矩阵
det (A):返回 A 矩阵的行列式值
```

其实，许多应用于数值矩阵的函数，如 diag、triu、tril、inv、rank、eig 等，也可直接应用于符号矩阵。

【例 5-4】求矩阵 $A=\begin{bmatrix} 11 & -1 & 0 \\ 9 & 3 & 5 \\ -4 & 2 & 8 \end{bmatrix}$ 转置矩阵和行列式值。

解：

第一步：在 matlab 命令窗口中输入如下命令。

```
>> A=[11 -1 0;9 3 5;-4 2 8]
>> t=transpose(A)
>> d=det(A)
```

第二步：按 "enter" 键，得到的结果如下。

```
t=
11      9      -4
-1      3      2
0       5      8
```

```
d =
246.0000
```

5.1.2　findsym 函数和 subs 函数

1.　findsym 函数

MATLAB 中的符号可以表示符号变量和符号常量。findsym 可以帮助用户查找一个符号表达式中的的符号变量(自变量)。该函数的调用格式为:

```
findsym(s,n)
```

findsym 函数通常由系统自动调用,在进行符号运算时,系统调用该函数确定表达式中的符号变量,执行相应的操作。函数返回符号表达式 s 中的 n 个符号变量,若没有指定 n,则返回 s 中的全部符号变量。优先选择靠近 x 的小写字母和 x 后面的字母。

【例 5-5】求符号变量 $f=z^x+x^y+y^z$。

```
>> syms x y z
>> f=z^x+x^y+y^z
>> findsym(f,1)

ans =

X

>> findsym(f,2)

ans =

x,y

>> findsym(f)

ans =

x,y,z
```

2.　subs 函数

subs 是单词 substitution 的缩写,意思就是"替代"。函数 subs 可以用指定符号替换表达式中的某一个特定符号。该函数的调用格式为:

```
R＝subs(S)
```

对于 S 中出现的全部符号变量,如果在调用函数或工作区间中存在相应值,则将值代入,如果没有相应值,则对应的变量保持不变;

```
R＝subs(S,new)
```

用新的符号变量替换 S 中的默认变量，即有 findsym 函数返回的变量；

```
R＝subs(S,old,new)
```

用新的符号变量替换 S 中的变量，被替换的变量由 old 指定，如果 new 是数字形式的符号，则数值代替原来的符号计算表达式的值，所得结果仍是字符串形式；如果 new 是矩阵，则将 S 中的所有 old 替换为 new，并将 S 中的常数项扩充为与 new 维数相同的常数矩阵。

【例 5-6】 $f＝ax^2+bx+c$ 。

解：

第一步：在 matlab 命令窗口中输入如下命令。

```
>> syms a b c x
>> f=a*x^2+b*x+c
>> y=subs(f,2)
>> z=subs(f,a,3)
>> s=subs(f,[a,b,c],[3,4,5])
```

第二步：按"enter"键，得到的结果如下。

```
y =
4*a + 2*b + c


z =
3*x^2 + b*x + c


s =
3*x^2 + 4*x + 5
```

5.1.3 符号和数值之间的转化

在符号变量生成一节中已经介绍了 sym 函数，该函数用于生成符号变量，也可以将数值转化为符号变量。格式为：

```
s＝sym(A,flag)
```

转化的方式由参数"flag"确定，它也可以为'r'、'f'、'e'、'd'，默认的为'r'。'r'代表有理数格式，'f'代表浮点数格式，'e'代表有理误差格式，'d'代表十进制格式。

sym 的另一个重要作用是将数值矩阵转化为符号矩阵，而 eval 可以将符号表达式变换成数值表达式。

【例 5-7】 $y＝\sqrt{3}$ 。

解：

```
>> y=sqrt(3)
```

(1) 浮点格式。

```
>> sym(y,'f')

ans =
3900231685776981/2251799813685248
```

(2) 有理格式。

```
>> sym(y,'r')

ans =
3^(1/2)
```

(3) 有理误差格式。

```
>>  sym(y,'e')

ans =
3^(1/2) - (268*eps)/593
```

(4) 十进制格式。

```
>> sym(y,'d')

ans =
1.7320508075688771931766041234368
```

5.1.4　任意精度的计算

符号计算的一个非常显著的特点是：在计算过程中不会出现舍入误差，从而可以得到任意精度的数值解。如果希望计算结果精确，可以用符号计算来获得足够高的计算精度。符号计算相对于数值计算而言，需要更多的计算时间和存储空间。

MATLAB 工具箱中有 3 种不同类型的算术运算：

数值型：MATLAB 的浮点数运算；

有理数类型：Maple 的精确符号运算；

VPA 类型：Maple 的任意精度算术运算。

在 3 种运算中，浮点运算速度最快，所需的内存空间小，但是其结果精确度最低。双精度数据的输出位数由 format 命令控制，但是在内部运算时采用的是计算机硬件所提供的八位浮点运算。而且，在浮点运算的每一步，都存在一个舍入误差，如上面的运算中存在三步舍入误差：计算 1/3 的舍入误差，计算 1/2＋1/3 的舍入误差，以及将最后结果转化为十进制输出时的舍入误差。

符号运算中的有理数运算，其时间复杂度和空间复杂度都是最大的，但是，只要时间和空间允许，都能够得到任意精度的结果。

可变精度的运算运算速度和精确度均位于上面两种运算之间。其具体精度由参数指定，参数越大，精确度越高，运行越慢。

5.1.5　创建符号方程

1. 创建抽象方程

MATLAB 中可以创建抽象方程，即只有方程符号，没有具体表达式的方程。若要创建方程，并计算其一阶微分的方法如下。

```
>> f=sym('f(x)');
```

```
>> syms x h;
>> df = (subs(f,x,x+h)-f)/h
df =
(f(x+h)-f(x))/h
```

抽象方程在积分变换中有着很多的应用。

2. 创建符号方程

创建符号方程的方法有两种：利用符号表达式创建和创建 M 文件。

利用符号表达式创建的步骤就是，先创建符号变量，通过符号变量的运算生成符号函数直接生成符号表达式。而利用 M 文件创建符号方程的步骤就是先利用 M 文件创建的函数，可以接受任何符号变量作为输入，作为生成函数的自变量。

5.2　符号表达式的化简与替换

5.2.1　符号表达式的化简

MATLAB 中可以实现符号表达式化简的函数有 collect、expand、horner、factor、simplify、simple。

1. collect

该函数用于合并同类项，具体调用格式为：

```
R=collect(S)
```

合并同类项。其中 S 可以是数组，数组的每个元素为符号表达式。该命令将 S 中的每个元素进行合并同类项。

```
R=collect(S,v)
```

对指定的变量 v 进行合并，如果不指定，则默认为对 x 进行合并，或者由 findsym 函数返回的结果进行合并。

【例 5-8】对函数进行 $z=x^3y+xy^2-2x-3y$ 合并。

解：

第一步：在 matlab 命令窗口中输入如下命令。

```
>> syms x y
>> z=collect(x^2*y+x*y^2-2*x-3*y)
```

第二步：按 "enter" 键，得到的结果如下。

```
z =y*x^2 + (y^2 - 2)*x - 3*y
```

2. expand

expand 函数用于符号表达式的展开。其操作对象可以是多种类型，如多项式、三角函数、指数函数等。用户可以利用 expand 函数对任意的符号表达式进行展开。

【例5-9】展开表达式 $y = e^{x+1}$。

解：

第一步：在 matlab 命令窗口中输入如下命令。

```
>> syms x
>> y=exp(x+1)
>> expand(y)
```

第二步：按"enter"键，得到的结果如下。

```
ans =
exp(1)*exp(x)
```

3. horner

horner 函数将函数转化为嵌套格式。嵌套格式在多项式求值中可以降低计的时间复杂度。该函数的调用格式为：

```
R=horner(P)
```

其中 P 为由符号表达式组成的矩阵，该命令将 P 中的所有元素转化为相应的嵌套形式。

【例5-10】对 $y = x^3 - 6x^2 + 11x - 6$ 进行化解。

解：

第一步：在 matlab 命令窗口中输入如下命令。

```
>> syms x
>> y=horner(x^3-6*x^2-11*x-6)
```

第二步：按"enter"键，得到的结果如下。

```
y =x*(x*(x - 6) - 11) - 6
```

4. factor 和 simplify

factor 函数实现因式分解功能，如果输入的参数为正整数，则返回此数的素数因数。

函数 simplify(s)：应用函数规则对 s 进行化简。表达式中可以包含和式、方根、分数乘方、指数函数、对数函数、三角函数、bessel 函数、超越函数等。

【例5-11】对表达式 $y = x^3 - x^2 - 10x - 8$ 进行因式分解。

解：

第一步：在 matlab 命令窗口中输入如下命令。

```
>> syms x
>>factor(x^3-x^2-10*x-8)
```

第二步：按"enter"键，得到的结果如下。

```
ans =
(x - 4)*(x + 2)*(x + 1)
```

【例5-12】对表达式 $y = s^2 + 4s + 4$ 进行因式分解。

解：

第一步：在 matlab 命令窗口中输入如下命令。

```
>> syms s
>> y=s^2+4*s+4
>> simplify(y)
```

第二步：按"enter"键，得到的结果如下。

```
ans =(s + 2)^2
```

5．simple

该函数同样实现表达式的化简，并且该函数可以自动选择化简所选择的方法，最后返回表达式的最简单的形式。函数的化简方法包括：simplify、combine(trig)、radsimp、convert(exp)、collect、factor、expand 等。该函数的调用格式为：

```
r＝simple(S)
```

该命令尝试多种化简方法，显示全部化简结果，并且返回最简单的结果；如果 S 为矩阵，则返回使矩阵最简单的结果，但是对于每个元素而言，则并不一定是最简单的。

```
[r,how]＝simple(S)
```

该命令在返回化简结果的同时返回化简所使用的方法。

5.2.2　符号表达式的替换

在 MATLAB 中，可以通过符号替换使表达式的形式简化。符号工具箱中提供了两个函数用于表达式的替换：subexpr 和 subs。subs 在前面的章节已经介绍过了，这里不再具体讲解。下面只介绍一下 subexpr。

subexpr 函数自动将表达式中重复出现的字符串用变量替换，该函数的调用格式为：

```
[Y,SIGMA]＝subexpr(X,SIGMA)
```

指定用符号变量 SIGMA 来代替符号表达式(可以是矩阵)中重复出现的字符串。替换后的结果由 Y 返回，被替换的字符串由 SIGMA 返回；

```
[Y,SIGMA]＝subexpr(X,'SIGMA')
```

该命令与上面的命令不同之处在于第二个参数为字符串，该命令用来替换表达式中重复出现的字符串。

5.3　符号微积分

5.3.1　符号表达式求极限

极限是微积分的基础，微分和积分都是"无穷逼近"时的结果。在 MATLAB 中函数 limit 用于求表达式的极限。该函数的调用格式为：

(1) limit(f,x,a)：求符号函数 f(x)的极限值。即计算当变量 x 趋近于常数 a 时，f(x)函数的极限值。

(2) limit(f,a)：求符号函数 f(x)的极限值。由于没有指定符号函数 f(x)的自变量，则使用该格式时，符号函数 f(x)的变量为函数 findsym(f)确定的默认自变量，即变量 x 趋近于 a。

(3) limit(f)：求符号函数 f(x)的极限值。f(x)的变量为函数 findsym(f)确定的默认变量；没有指定变量的目标值时，系统默认变量趋近于 0，即 a＝0 的情况。

(4) limit(f,x,a,'right')：求符号函数 f 的极限值。'right'表示变量 x 从右边趋近于 a。

(5) limit(f,x,a,'left')：求符号函数 f 的极限值。'left'表示变量 x 从左边趋近于 a。

【例 5-13】求 $f(x)=\lim\limits_{x\to 0}\dfrac{\sin x}{x}$、$g(x)=\lim\limits_{y\to 0}\sin(x+2y)$ 的极限。

解：

第一步：在 matlab 命令窗口中输入如下命令。

```
>> syms x y
f1=sin(x)/x;
f2=sin(x+2*y);
f=limit(f1)
g=limit(f2,y,0)
```

第二步：按"enter"键，得到的结果如下。

```
f =1
g =sin(x)
```

【例 5-14】求下列极限。

(1) $\lim\limits_{x\to 0}\dfrac{1-\cos x}{x^2}$ (2) $\lim\limits_{x\to\infty}\dfrac{e^x-e^{-x}}{e^x+e^{-x}}$

解：

(1)

第一步：在命令窗口输入如下程序。

```
>> sym x
>> y=(1-cos(x))/x^2
>> f=limit(y)
```

第二步：按"enter"键，得到的结果如下。

```
f=1/2
```

(2)

第一步：求当 x 趋于＋∞时 y 函数的极限。

```
>> sym x
>> y=(exp(x)-exp(-x))/(exp(x)+exp(-x))
>> f1=limit(y,x,Inf)
```

结果为：

```
f1=1
```

第二步：求当 x 趋于 -∞ 时 y 函数的极限。

```
>> sym x
>> y=(exp(x)-exp(-x))/(exp(x)+exp(-x))
>> f2=limit(y,x,-Inf)
```

结果为：

```
f2 =-1
```

因为 f1 不等于 f2 所以极限不存在。

注意：这里的 Inf 和(-Inf)分别表示正无穷大和负无穷小。

5.3.2 符号微分

MATLAB 中函数 diff 实现函数求导和求微分，可以实现一元函数求导和多元函数求偏导。该函数在前面的 MATLAB 的数学功能一章已有介绍，用于计算向量或矩阵的差分。当输入参数为符号表达式时，该函数实现符号微分，其调用格式为：

```
diff(S)
```

实现表达式 S 的求导，没有指定变量和微分阶数，则系统按 findsym 函数指示的默认变量对符号表达式 S 求一阶微分；

```
diff(S,'v')
```

实现表达式对指定变量 v 的求导，以 v 为自变量，求一阶微分，该语句还可以写为 diff(S,sym('v'));

```
diff(S,n)
```

按 findsym 函数指示的默认变量求 S 的 n 阶微分，n 为正整数。

```
diff(S,'v',n)
```

求 S 对 v 的 n 阶导，该表达式还可以写为 diff(S,n,'v')。

上述为利用 diff 函数计算符号函数的微分，另外，微积分中一个非常的重要概念为 Jacobian 矩阵，计算函数向量的微分。在 MATLAB 中，函数 jacobian 用于计算 Jacobian 矩阵。该函数的调用格式为：

```
R=jacobian(f,v)
```

如果 f 是函数向量，v 为自变量向量，则计算 f 的 Jacobian 矩阵；如果 f 是标量，则计算 f 的梯度；如果 v 也是标量，则其结果与 diff 函数相同。

【例 5-15】求下列函数的微分。

(1) $y=\sin x$；

(2) $y=\arctan (ax)$；

(3) $y=\log 10\, x^2$ 求二阶导，

在 matlab 中以 10 为底的对数需要用 log10 函数，以 2 为底的对数需要用 log2 函数，log 是 e 为底的对数。

解：

(1)

第一步：在命令窗口输入如下程序。

```
>> sym x
>> y=sin x
>> f=diff(y)
```

第二步：按"enter"键，得到的结果如下。

```
f=cos(x)
```

(2)

第一步：在命令窗口输入如下程序。

```
>> syms a x
>> y=atan(a*x)
>> f=diff(y)
```

第二步：按"enter"键，得到的结果如下。

```
f=a/(a^2*x^2 + 1)
```

注意：arctan(x)在 matlab 中输入形式为 atan(x)。

(3)

第一步：在命令窗口输入如下程序。

```
>> sym  x
>> y=log10(x^2)
>> f=diff(y,x,2)
```

第二步：按"enter"键，得到的结果如下。

```
f=-2/(x^2*log(10))
```

注意：在 matlab 中以 10 为底的对数写为 log10，以 2 为底的对数写为 log2，而 log 则是默认是以 e 为底的对数函数。

5.3.3　符号积分

与微分对应的是积分，在 MATLAB 中，函数 int 用于实现符号微分运算。该函数的调用格式为：

```
R=int(S)
```

求表达式 S 的不定积分，未指定积分变量和阶数，按 findsym 函数指示的默认变量对被积函数或符号表达式求不定积分，也就是说，自变量由 findsym 函数确定；

```
R=int(S,v)
```

以 v 为自变量，对被积函数或符号表达式 s 求不定积分；

```
R=int(S,a,b)
```

求表达式 S 在区间上的定积分，自变量由 findsym 函数确定；

```
R=int(S,v,a,b)
```

求表达式 S 在区间上的定积分运算，自变量为 v。a 和 b 分别表示定积分的下限和上限。求被积函数在区间[a，b]上的定积分。a 和 b 可以是两个具体的数，也可以是一个符号表达式，还可以是无穷(inf)。当函数 f 关于变量 x 在闭区间[a，b]上可积时，函数返回一个定积分结果。当 a 和 b 中有一个是 inf 时，函数返回一个广义积分；当 a 和 b 中有一个符号表达式时，函数返回一个符号函数。

【例 5-16】求下列积分。

(1) $\int \dfrac{x^4+1}{x^2+1}dx$ (2) $\int \dfrac{1}{1+x+x^2}dx$

(3) $\int_0^2 ax^3dx$ (4) $\int_0^2 \dfrac{\sqrt{x+1}}{x+1+\sqrt{3-x}}dx$

解：

(1)

第一步：在命令窗口输入如下程序。

```
>> sym x
>> y=(x^4+1)/(x^2+1)
>> f=int(y)
```

第二步：按"enter"键，得到的结果如下。

```
f=2*atan(x) - x + x^3/3
```

(2)

第一步：在命令窗口输入如下程序。

```
>> sym x
>> y=1/(1+x+x^2)
>> f=int(y)
```

第二步：按"enter"键，得到的结果如下。

```
f=(2*3^(1/2)*atan((2*3^(1/2)*x)/3 + 3^(1/2)/3))/3
```

(3)

第一步：在命令窗口输入如下程序。

```
>> syms a x
>> y=a*x^3
>> f=int(y,0,2)
```

第二步：按"enter"键，得到的结果如下。

```
f=4*a
```

(4)

第一步：在命令窗口输入如下程序。

```
>> syms x
>> y=sqrt(x+1)/(sqrt(x+1)+sqrt(3-x))
>> f=int(y,x,0,2)
```

第二步：按"enter"键，得到的结果如下。

```
y =(x + 1)^(1/2)/((x + 1)^(1/2) + (3 - x)^(1/2))
```

5.3.4　级数求和

symsum 函数用于级数的求和。该函数的调用格式为：

```
r=symsum(s)
```

自变量为 findsym 函数所确定的符号变量，设其为 k，则该表达式计算 s 从 0 到 k−1 的和；

```
r=symsum(s,v)
```

计算表达式 s 从 0 到 v−1 的和；

```
r=symsum(s,a,b)
```

计算自变量从 a 到 b 之间 s 的和；

```
r=symsum(s,v,a,b)
```

计算 v 从 a 到 b 之间的 s 的和。其中 s 表示一个级数的通项，是一个符号表达式。v 是求和变量，v 省略时使用系统的默认变量。a 和 b 是求和的开始项和末项。

【例 5-17】求级数 $\sum\limits_{x=1}^{\infty}\dfrac{1}{(x+1)^2}$ 前 6 项的部分和 s。

解：

第一步：在命令窗口输入如下程序。

```
>> syms x
>> s=symsum(1/(1+x^2),1,6)
```

第二步：按"enter"键，得到的结果如下。

```
s =75581/81770
```

5.3.5　Taylor 级数(泰勒级数)

MATLAB 提供了 taylor 函数将函数展开为幂级数，所以函数 taylor 可以用于实现 Taylor 级数的计算。该函数的调用格式为：

```
r=taylor(f)
```

计算表达式 f 的 Taylor 级数，自变量由 findsym 函数确定，计算 f 的在 0 的 6 阶 Taylor 级数；

```
r=taylor(f,n,v)
```

指定自变量 v 和阶数 n；

```
r=taylor(f,n,v,a)
```

指定自变量 v、结束 n，计算 f 在 a 的级数。

该函数将函数 f 按变量 v 展开为泰勒级数，展开到第 n 项(即变量 v 的 n-1 次幂)为止，n 的缺省值为 6。v 的缺省值与 diff 函数相同。参数 a 指定将函数 f 在自变量 v＝a 处展开，a 的缺省值是 0。

【例 5-18】 求函数的泰勒级数展开式。

(1) 求 $y＝\sin(\sin x)$ 的三阶泰勒级数展开式。

(2) 求 $y＝\tan(x)$ 的 2 阶泰勒级数展开式。

解：

(1)

第一步：在命令窗口输入如下程序。

```
>> syms x
>> y=sin(sin(x))
>> f=taylor(y,x,4)
```

第二步：按"enter"键，得到的结果如下。

```
f=x - x^3/3
```

(2)

第一步：在命令窗口输入如下程序。

```
>> syms x
>> y=tan(x)
>> f=taylor(y,x,3)
```

第二步：按"enter"键，得到的结果如下。

```
f=x
```

5.4 符号线性代数

5.4.1 基本符号运算

在 Matlab 数学运算中，基本符号运算符包括＋、–、*、.*、\、.\、/、^、.^。具体情况如下。

(1) 加减运算。

A＋B，A–B。如果 A、B 为同类型的矩阵时，A＋B，A–B 分别对对应分量进行加减。

(2) A*B 符号矩阵乘法。

A*B 为线性代数中定义的矩阵乘法。按乘法定义要求必须有矩阵 A 的列数等于矩阵 B 的行数，否则该函数返回错误信息。

(3) A.*B 符号数组的乘法。

A.*B 为按参量 A 与 B 对应的分量进行相乘。A 与 B 必须为同型阵列，或至少有一个为标量。

(4) A\B 矩阵的左除法。

X=A\B 为符号线性方程组 A*X=B 的解。我们指出的是，A\B 近似地等于 inv(A)*B。若 X 不存在或者不唯一，则产生一警告信息。矩阵 A 可以是矩形矩阵(即非正方形矩阵)，但此时要求方程组必须是相容的。

(5) A.\B 数组的左除法。

A.\B 为按对应的分量进行相除。若 A 与 B 为同型阵列时。若 A 与 B 中至少有一个为标量，则把标量扩大为与另外一个同型的阵列，再按对应的分量进行操作。

(6) B/A 矩阵的右除法。

X=B/A 为符号线性方程组 X*A=B 的解。需要指出的是，B/A 粗略地等于 B*inv(A)。若 X 不存在或者不唯一，则产生一警告信息。矩阵 A 可以是矩形矩阵(即非正方形矩阵)，但此时要求方程组必须是相容的。

(7) A./B 数组的右除法。

A./B 为按对应的分量进行相除。若 A 与 B 为同型阵列时。若 A 与 B 中至少有一个为标量，则把标量扩大为与另外一个同型的阵列，再按对应的分量进行操作。

(8) A^B 矩阵的方幂。

计算矩阵 A 的整数 B 次方幂。若 A 为标量而 B 为方阵，A^B 用方阵 B 的特征值与特征向量计算数值。若 A 与 B 同时为矩阵，则返回一错误信息。

(9) A.^B 数组的方幂。

A.^B 为按 A 与 B 对应的分量进行方幂计算。若 A 与 B 为同型阵列时，A 与 B 中至少有一个为标量，则把标量扩大为与另外一个同型的阵列，再按对应的分量进行操作。

5.4.2　矩阵的特征值分解

在 MATLAB 中，矩阵的特征值和特征向量由函数 eig 计算。该函数的主要用法为：

```
E=eig(A)
```

计算符号矩阵 A 的符号特征值，返回结果为一个向量，向量的元素为矩阵 A 的特征值；

```
[V,E]=eig(A)
```

计算符号矩阵 A 的符号特征值和符号特征向量，返回结果为两个矩阵：V 和 E，V 是矩阵 A 的特征向量组成的矩阵，E 为 A 的特征值组成的对角矩阵，得到的结果满足。

【例 5-19】求矩阵 $A = \begin{bmatrix} 2 & -1 & 5 \\ 3 & 0 & 1 \\ 6 & 7 & 3 \end{bmatrix}$ 的特征值。

解：

第一步：在命令窗口输入如下程序。

```
>> A=[2 -1 5;3 0 1;6 7 3]
>> e=eig(A)
```

第二步：按"enter"键，得到的结果如下。

```
e =
9.1708
-2.0854 + 2.4292i
-2.0854 - 2.4292i
```

5.4.3 Jordon 标准型

当利用相似变换将矩阵对角化时会产生 Jordon 标准型。对于给定的矩阵，如果存在非奇异矩阵，使得矩阵最接近对角形，则矩阵称为的 Jordon 标准型。MATLAB 中函数 jordan 用于计算矩阵的 Jordon 标准型。该函数的调用格式如下：

```
J=jordan(A)
```

计算矩阵的 Jordon 标准型；

```
[V,J]=jordan(A)
```

返回矩阵的 Jordon 标准型，同时返回相应的变换矩阵。

【例 5-20】将矩阵 $A = \begin{bmatrix} 2 & -1 & 5 \\ 3 & 0 & 1 \\ 6 & 7 & 3 \end{bmatrix}$ 化为 Jordon 标准型。

第一步：在命令窗口输入如下程序。

```
>> A=[2 -1 5;3 0 1;6 7 3]
>> J = jordan(A)
```

第二步：按"enter"键，得到的结果如下。

```
J =

-2.0854 + 2.4292i          0                  0
      0                9.1708                 0
      0                   0          -2.0854 - 2.4292i
```

5.4.4 奇异值分解

奇异值分解是矩阵分析中的一个重要内容，在理论分析和实践计算中都有着广泛的应用。在 MATLAB 中，完全的奇异值分解只对可变精度的矩阵可行。进行奇异值分解的函数为 svd，该函数的调用格式为：

```
sigma = svd(A),计算矩阵的奇异值;
sigma = svd(vpa(A)),采用可变精度计算矩阵的奇异值;
[U,S,V] = svd(A),矩阵奇异值分解,返回矩阵的奇异向量矩阵和奇异值所构成的对角矩阵。
[U,S,V] = svd(vpa(A)),采用可变精度计算对矩阵进行奇异值分解。
```

【例 5-21】计算矩阵 $A = \begin{bmatrix} 10 & 1 & 9 \\ 3 & 7 & 2 \\ 5 & -3 & 6 \end{bmatrix}$ 的奇异值。

解：
第一步：在命令窗口输入如下程序。

```
>> A=[10 1 9;3 7 1;5 -3 6]
>> sigma = svd(A)
```

第二步：按"enter"键，得到的结果如下。

```
sigma =

15.8056
7.8148
0.3319
```

5.5 符号方程的求解

5.5.1 代数方程的求解

代数方程包括线性方程、非线性方程和超越方程等。在 MATLAB 中函数 solve 用于求解代数方程和方程组，其调用格式如下：

```
g=solve(eq)
```

求解方程 eq 的解，对默认自变量求解，输入的参数 eq 可以是符号表达式或字符串；

```
g=solve(eq,var)
```

求解方程 eq 的解，对指定自变量求解；

在上面的语句中，如果输入的表达式中不包含等号，则 MATLAB 求解其等于 0 时的解。例如，g＝solve(sym('x^2-1'))的结果与 g＝solve(sym('x^2-1＝0'))相同。

对于单个方程的情况，返回结果为一个符号表达式，或是一个符号表达式组成的数组；对于方程组的情况，返回结果为一个结构体，结构体的元素为每个变量对应的表达式，各个变量按照字母顺序排列。

【例 5-22】求解 $x^3-8x^2+17x-10=0$ 方程。

解：
第一步：在命令窗口输入如下程序。

```
>> syms x
>> g=solve('x^3-8*x^2+17*x-10')
```

第二步：按"enter"键，得到的结果如下。

```
g=1、2、5(3 个解)
```

5.5.2 求解代数方程组

代数方程组同样由函数 solve 函数进行，其格式为：

```
g=solve(eq1,eq2,...,eqn)
```

求由方程 eq1、eq2、…、eqn 等组成的系统，自变量为默认自变量；

```
g=solve(eq1,eq2,...,eqn,var1,var2,...,varn)
```

求由方程 eq1、eq2、…、eqn 等组成的系统，自变量为指定的自变量：var1、var2、…、varn。

【例 5-23】求解方程组 $\begin{cases} x_1-4x_2+2x_3=0 \\ 2x_2-x_3=0 \\ -x_3+2x_2-x_3=0 \end{cases}$ 。

解：

第一步：在命令窗口输入如下程序。

```
>> syms x1 x2 x3 x4
>> L1=x1-2*x2+3*x3-4*x4-4;
>> L2=x2-x3+x4+3;
>> L3=-x1-x2+2*x4+4;
>> [x1,x2,x3,x4]=solve(L1,L2,L3,x1,x2,x3,x4)
```

第二步：按"enter"键，得到的结果如下。

```
x1 =- z - 20; x2 =z + 6; x3 =z; x4 =-9
```

5.5.3 微分方程的求解

MATLAB 中微分方程的求解通过函数 dsolve 进行，该函数用于求解常微分方程。dsolve 函数该函数的具体调用格式为

```
r = dsolve( 'eq1,eq2,...' , 'cond1,cond2,...' , 'v' )
r = dsolve('eq1','eq2',...,'cond1','cond2',...,'v')
```

其中，eq1、eq2 等表示待求解的方程，默认的自变量为 x。方程中用 D 表示微分，如 Dy 表示；如果在 D 后面带有数字，则表示多阶导数，如 D2y 表示。cond1、cond2 等表示初始值，通常表示为 y(a)＝b 或者 Dy(a)＝b。如果不指定初始值，或者初始值方程的个数少于因变量的个数，则最后得到的结果中会包含常数项，表示为 C1、C2 等。dsolve 函数最多接受 12 个输入参数。

【例 5-24】求 $\dfrac{d^2y}{dx^2}+y=0$ 。

解：

第一步：在命令窗口输入如下程序。

```
>> syms x y
>> r=dsolve('D2y+y=0','x')
```

第二步：按"enter"键，得到的结果如下。

```
r =C2*cos(x) + C3*sin(x)
```

5.5.4　微分方程组的求解

求解微分方程组通过 dsolve 进行，格式为：

```
r = dsolve('eq1,eq2,...', 'cond1,cond2,...', 'v')。
```

该语句求解由参数 eq1、eq2 等指定的方程组成的系统，初值条件为 cond1、cond2 等，v 为自变量。

【例 5-25】求微分方程组的解。

$$(1)\ \begin{cases} \dfrac{dy}{dx}=z \\[2mm] \dfrac{dz}{dx}=y \end{cases} \qquad (2)\ \begin{cases} \dfrac{d^2x}{dt^2}=y \\[2mm] \dfrac{d^2y}{dt^2}=x \end{cases}$$

解：

(1)

第一步：在命令窗口输入如下程序。

```
>> syms x y z
>> f=dsolve('Dy-z','Dz-y','x')
```

第二步：按"enter"键，得到的结果如下。

```
f =

y: [1x1 sym]
z: [1x1 sym]
```

(2)

第一步：在命令窗口输入如下程序。

```
>> syms x y t
>> f=dsolve('D2x=y','D2y=x','t')
```

第二步：按"enter"键，得到的结果如下。

```
f =

x: [1x1 sym]
y: [1x1 sym]
```

5.5.5　复合方程

复合方程通过函数 compose 进行，该函数的调用格式为：

```
compose(f,g)
```

返回函数 f(g(y))，其中 f＝f(x)，g＝g(y)，x 是 f 的默认自变量，y 是 g 的默认自变量；

```
compose(f,g,z)
```

返回函数 f(g(z))，自变量为 z；

```
compose(f,g,x,z)
```

返回函数 f(g(z))，指定 f 的自变量为 x；

```
compose(f,g,x,y,z)
```

返回函数 f(g(z))，f 和 g 的自变量分别指定为 x 和 y。

5.5.6 反方程

反方程通过函数 finverse 求得，该函数的调用格式为：

```
g=finverse(f)
```

在函数 f 的反函数存在的情况下，返回函数 f 的反函数，自变量为默认自变量；

```
g=finverse(f,v)
```

在函数 f 的反函数存在的情况下，返回函数 f 的反函数，自变量为 v。

5.6 符号积分变换

常见的积分变换有傅里叶变换、拉普拉斯变换和 Z 变换。

5.6.1 傅里叶(Fourier)变换及其逆变换

傅里叶变换由函数 fourier 实现，该函数的调用格式为：

F＝fourier(f)，实现函数 f 的傅里叶变换，如果 f 的默认自变量为 x，则返回 f 的傅里叶变换结果，默认自变量为 w；如果 f 的默认自变量为 w，则返回结果的默认自变量为 t；

F＝fourier(f, v)，返回结果为 v 的函数；

F＝fourier(f, u, v)，f 的自变量为 u，返回结果为 v 的函数。

傅里叶逆变换

傅里叶逆变换由函数 ifourier 实现，该函数的调用格式为：

f＝ifourier(F)，实现函数 F 的傅里叶逆变换，如果 F 的默认自变量为 w，则返回结果 f 的默认自变量为 x，如果 F 的自变量为 x，则返回结果 f 的自变量为 t；

f＝ifourier(F, u)，实现函数 F 的傅里叶逆变换，返回结果 f 为 u 的函数；

f＝ifourier(F, v, u)，实现函数 F 的傅里叶逆变换，F 的自变量为 v，返回结果 f 为 u 的函数。

【例 5-26】已知某函数的 fourier 变换为 $F(\omega)=\dfrac{\sin\omega}{\omega}$，求该函数 f(t)。

解：

第一步：在命令窗口输入如下程序。

```
>> syms t ω
>> F=sin(ω)/ω
>> f = ifourier(F,ω,t)
```

第二步：按"enter"键，得到的结果如下。

```
f=fourier(sin(ω)/ω, ω, t)/(2*pi)
```

【例 5-27】求一下函数的傅里叶逆变换。

(1) $f(t)=\cos t \sin t$　　　(2) $f(t)=\sin t^3$

解：

(1)

第一步：在命令窗口输入如下程序。

```
>> syms t ω
>> f=cos(t)*sin(t)
>> F=fourier(f)
```

第二步：按"enter"键，得到的结果如下。

```
F=fourier(cos(t)*sin(t), t, -ω)
```

(2)

第一步：在命令窗口输入如下程序。

```
>> syms t ω
>> f=(sin(t))^3
>> F=fourier(f)
```

第二步：按"enter"键，得到的结果如下。

```
F =fourier(sin(t)^3, t, -w)
```

5.6.2　符号拉普拉斯(Laplace)变换及其逆变换

laplace 函数实现符号函数的拉普拉斯变换。该函数的调用格式为：

laplace(F)，实现函数 F 的拉普拉斯变换，如果 F 的默认自变量为 t，返回结果的默认自变量为 s；如果 F 的默认自变量为 s，则返回结果为 t 的函数；

laplace(F，t)，返回函数的自变量为 t；

laplace(F，w，z)，指定 F 的自变量为 w，返回结果为 z 的函数；

拉普拉斯逆变换由函数 ilaplace 实现，该函数的调用格式为：

F＝ilaplace(L)，实现函数 L 的拉普拉斯逆变换，如果 L 的自变量为 s，则返回结果为 t 的函数；如果 L 的自变量为 t，则返回结果为 x 的函数；

F＝ilaplace(L，y)，返回结果为 y 的函数；

F＝ilaplace(L，y，x)，指定 L 的自变量为 y，返回结果为 x 的函数。

【例 5-28】求下列函数的拉氏变换。

(1) $y=\sin \dfrac{t}{2}$　　　　　(2) $y=t^2$　　　　(3) $y=\cos t \sin t$

解：

(1)

第一步：在命令窗口输入如下程序。

```
>> syms t s
```

```
>> y=sin(t/2)
>> f=laplace(y,t,s)      %返回结果为 s 的函数
```

第二步：按"enter"键，得到的结果如下。

```
f=1/(2*(s^2 + 1/4))
```

(2)

第一步：在命令窗口输入如下程序。

```
>> syms t s
>> y=t^2
>> f=laplace(y,t,s)
```

第二步：按"enter"键，得到的结果如下。

```
f=2/s^3
```

(3)

第一步：在命令窗口输入如下程序。

```
>> syms t s
>> y=cos(t)*sin(t)
>> f=laplace(y,t,s)
```

第二步：按"enter"键，得到的结果如下。

```
f= - ((s - i)*i)/(2*((s - i)^2 + 1)) + ((s + i)*i)/(2*((s + i)^2 + 1))
```

【例 5-29】求 $F(s) = \dfrac{s+2}{s^2+4s+3}$ 的原函数 $f(t)$.

解：

第一步：在命令窗口输入如下程序。

```
>> syms s t
y=(s+2)/(s^2+4*s+3)
f=ilaplace(y,s,t)
```

第二步：按"enter"键，得到的结果如下。

```
f=1/(2*exp(t)) + 1/(2*exp(3*t))
```

5.6.3　符号 Z 变换及其逆变换

Z 变换由函数 ztrans 完成，该函数的用法为：

F＝ztrans(f)，如果 f 的默认自变量为 n，则返回结果为 z 的函数；如果 f 为函数 z 的函数，则返回结果为 w 的函数；

F＝ztrans(f,w)，返回结果为 w 的函数；

F＝ztrans(f,k,w)，f 的自变量为 k，返回结果为 w 的函数。

Z 逆变换由函数 iztrans 完成，其调用格式为：

f＝iztrans(F)，若 F 的默认自变量为 z，则返回结果为 n 的函数；如果 F 是 n 的函数，则返回结果为 k 的函数；

f＝iztrans(F,k)，指定返回结果为 k 的函数；

f＝iztrans(F,w,k)，指定 F 的自变量为 w，返回结果为 k 的函数。

【例 5-30】求下列函数的 Z 变换。

(1)　$f＝n^2$　　(2)　$f＝\tan(x＋2)$

解：

(1)

第一步：在命令窗口输入如下程序。

```
>> syms n
>> f=n^2
>> F=ztrans(f)
```

第二步：按"enter"键，得到的结果如下。

```
F=(z^2 + z)/(z - 1)^3
```

(2)

第一步：在命令窗口输入如下程序。

```
>>syms n
>>f=tan(x+2)
>>F=ztrans(f)
```

第二步：按"enter"键，得到的结果如下。

```
F =z^2*ztrans(tan(x), x, z) - z*tan(1)
```

【例 5-31】求 $f＝\dfrac{2z}{(z－2)^2}$ 的 Z 反变换。

解：

第一步：在命令窗口输入如下程序。

```
>> syms x z
>> F=2*z/(z-2)^2
>> f=iztrans(F,z,x)
```

第二步：按"enter"键，得到的结果如下。

```
f=2^x*(x - 1) + 2^x
```

 导入案例

黛安娜想去看电影，她从小猪存钱罐倒出硬币并清点，她发现：

(1) 5 美分和 1 美分的硬币总数的一半加上 10 美分的硬币数的总数等于 25 美分的硬币数。

(2) 1 美分的硬币数比 5 美分、10 美分以及 25 美分的硬币总数少 10。

(3) 25 美分和 10 美分的硬币总数等于 1 美分的硬币数加上 1/4 的 5 美分的硬币数。

(4) 25 美分的硬币数和 1 美分的硬币数比 5 美分的硬币数加上 8 倍的 10 美分的硬币数少 1。

如果电影票价为 3 美元，爆米花为 1 美元，糖棒为 50 美分，她有足够的钱去买这 3 样东西吗？

解：

第一步：根据以上给出的信息列出一组线性方程，设 y、w、s 和 e 分别表示 1 美分、5 美分、10 美分、25 美分的硬币数，得出以下方程组：

$$\begin{cases} s+\dfrac{y+w}{2}=e \\ w+s+e-10=y \\ e+s=y+\dfrac{w}{4} \\ e+y=w+8s-1 \end{cases}$$

第二步：建立 MATLAB 符号方程并对变量求解。

```
>> syms y w s e
>> y1=s+(y+w)/2-e
>> y2=y-w-s-e+10
>> y3=e+s-y-w/4
>> y4=e+y-w-8*s+1
>> [e s w y]=solve(y1,y2,y3,y4,y,w,s,e)
```

结果为：e =15，　s =3，　w =8，　y =16。

所以，黛安娜有 16 枚 1 美分的硬币，8 枚 5 美分的硬币，3 枚 10 美分的硬币，15 枚 25 美分的硬币，这就意味着

```
money=.01*16+.05*8+.10*3+.25*15
money=
4.6100
```

她就有足够的钱去买电影票，爆米花和糖棒并剩余 11 美分。

习　题　五

1. 求下列函数极限

(1) $\lim\limits_{x \to 0} \dfrac{\tan x - \sin x}{(\sin x)^3}$

(2) $\lim\limits_{x \to +\infty} x(\sqrt{x^2+1}-x)$

2. 求下列函数定积分

(1) $\int_0^{\frac{\pi}{4}} \ln(1+\tan x)\mathrm{d}x$

(2) $\int_0^{\frac{\pi}{2}} \dfrac{\mathrm{d}x}{1+(\cos x)^2}$

3．求下列函数的微分

(1)　$y=\ln(1+e^{x^2})$　　　　　　(2)　$y=e^{1-3x}\cos x$

4．对方程 $y=2x^3+x^2+5x-10$ 进行因式分解。

5．求下列函数的 Laplace 变换。

(1)　$f(t)=e^{2t}+5\delta(t)$　　　(2)　$f(t)=(t-1)^2-e^t$

6．求 $f(t)=\cos t\sin t$ 的 Fourier 变换。

实验五　MATLAB 的符号运算

实验目的：

1．掌握符号对象的创建和符号表达式化解的基本方法；
2．掌握符号微积分以及符号方程的求解。

实验内容：

(1)　把 $y=2\tan x\sec x$ 转换为符号变量。

解：

程序：

```
>> f=sym('2*tanx*secx')
```

结果：

```
f =

2*secx*tanx
```

(2)　对方程 $y=x^5+x^3+2x$ 进行因式分解。

解：

程序：

```
>> syms x
>> y=x^5+x^3+2*x
>> f=factor(y)
```

结果：

```
f =

x*(x^4 + x^2 + 2)
```

(3)　求 $y=\tan(x+y)$ 的展开式。

解：

程序：

```
>> syms x y
```

```
>> y=tan(x+y)
>> f=expand(y)
```

结果：

```
f =

-(tan(x) + tan(y))/(tan(x)*tan(y) - 1)
```

(4) 计算 $\lim\limits_{x \to 0} \dfrac{\sqrt{x+1}-1}{x}$ 的极限。

解：

程序：

```
>> syms x
>> y=(sqrt(x+1)-1)/x
>> f=limit(y)
```

结果：

```
f =

1/2
```

(5) 计算函数 $y=\sqrt{x+\sqrt{x}}$ 的倒数。

解：

程序：

```
>> syms x
>> y=sqrt(x+sqrt(x))
>> f=diff(y)
```

结果：

```
f =

(1/(2*x^(1/2)) + 1)/(2*(x + x^(1/2))^(1/2))
```

(6) 求 $\displaystyle\int_0^{\frac{\pi}{2}} \dfrac{x+\sin x}{1+\cos x}\mathrm{d}x$。

解：

程序：

```
>> syms x
>> y=(x+sin(x))/(1+cos(x))
>> f=int(y,x,0,pi/2)
```

结果：

```
f =

pi/2
```

(7) 求 $\sum_{n=1}^{100}(n-1)n^2$ 。

解：
程序：

```
>> syms n
>> y=(n-1)*n^2
>> f=symsum(y,1,100)
```

结果：

```
f =

25164150
```

(8) 求方程组 $\begin{cases} 2x-y+6z=15 \\ x+3y-3z=3 \\ x+y+5z=19 \end{cases}$ 的解。

程序：

```
>> syms x y z
>> e1=2*x-y+6*z-15

>> e2=x+3*y-3*z-3
>> e3=x+y+5*z-19
>> [x,y,z]=solve(e1,e2,e3)
```

结果：

```
x =9/16
y =15/4
z =47/16
```

第**6**章
MATLAB 绘图

　　MATALB 不仅有强大的数值计算功能，在数据可视化方面也独占鳌头，可以满足用户各方面的需求。用 MATLAB 可以方便地绘制 2D 和 3D 图形甚至多维图形，2D 和 3D 图形可以使用绘图工具(Plotting Tools)绘制，也可以使用编程方法绘制。编程方法既可以以交互形式直接在工作空间绘图，也可以生成 M 文件，然后编译、调试、运行。利用相关的图形绘制函数，并在该函数上输入图形的参数，即可绘制相对应的图形。

　　教学要求：本章主要要求学生掌握绘制图形的方法和相关命令，以及其他图形绘制函数的使用方法。

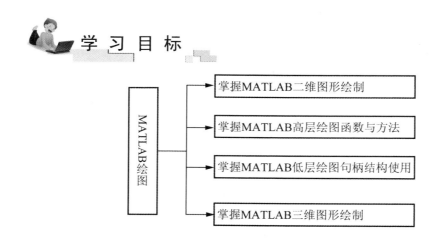

学 习 目 标

```
                        ┌──────────────────────────────┐
                     ┌─▶│ 掌握MATLAB二维图形绘制          │
                     │  └──────────────────────────────┘
                     │  ┌──────────────────────────────┐
┌──────┐             ├─▶│ 掌握MATLAB高层绘图函数与方法     │
│ M    │             │  └──────────────────────────────┘
│ A    │             │  ┌──────────────────────────────┐
│ T    │─────────────┼─▶│ 掌握MATLAB低层绘图句柄结构使用   │
│ L    │             │  └──────────────────────────────┘
│ A    │             │  ┌──────────────────────────────┐
│ B    │             └─▶│ 掌握MATLAB三维图形绘制          │
│ 绘图  │                └──────────────────────────────┘
└──────┘
```

6.1　绘制二维数据曲线图

在 MATLAB 中绘制二维曲线图是最为简便的，如果将 X 轴和 Y 轴数据分别保存在两个向量中，同时向量长度完全相等，那么可以直接调用函数进行二维图形的绘制。在 MATLAB 中，绘制命令 plot 绘制 $x-y$ 坐标图；loglog 命令绘制对数坐标图；semilogx 和 semilogy 命令绘制办对数坐标图；polor 命令绘制极坐标图。

1.　绘制单根二维曲线

plot()是一个最常用的绘图函数，使用 plot()可绘制一个连续的线形图。

plot 函数的基本调用格式为

```
plot(x,y)
```

其中，x 和 y 为长度相同的向量，分别用于存储 x 坐标和 y 坐标数据。

【例 6-1】在 $0 \leqslant x \leqslant 2\pi$ 区间内，绘制曲线

$$y = 2e^{-0.5x} \cos(4\pi x)$$

程序如下：

```
x=0:pi/100:2*pi;
y=2*exp(-0.5*x).*cos(4*pi*x);
plot(x,y)
```

曲线如图 6-1 所示。

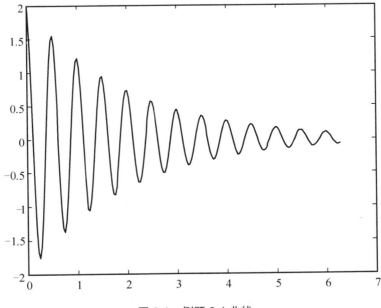

图 6-1　例题 6-1 曲线

【例 6-2】绘制曲线。

程序如下：

```
t=0:0.1:2*pi;
x=t.*sin(3*t);
y=t.*sin(t).*sin(t);
plot(x,y,'x');
```

绘制曲线如图 6-2 所示。

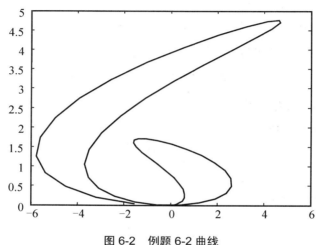

图 6-2   例题 6-2 曲线

plot 函数最简单的调用格式是只包含一个输入参数：plot(x)，在这种情况下，当 x 是实向量时，以该向量元素的下标为横坐标，元素值为纵坐标画出一条连续曲线，这实际上是绘制折线图。

2. 绘制多根二维曲线

1) plot 函数的输入参数是矩阵形式

(1) 当 x 是向量，y 是有一维与 x 同维的矩阵时，则绘制出多根不同颜色的曲线。曲线条数等于 y 矩阵的另一维数，x 被作为这些曲线共同的横坐标。

(2) 当 x、y 是同维矩阵时，则以 x、y 对应列元素为横、纵坐标分别绘制曲线，曲线条数等于矩阵的列数。

(3) 对只包含一个输入参数的 plot 函数，当输入参数是实矩阵时，则按列绘制每列元素值相对其下标的曲线，曲线条数等于输入参数矩阵的列数。当输入参数是复数矩阵时，则按列分别以元素实部和虚部为横、纵坐标绘制多条曲线。

2) 含多个输入参数的 plot 函数
调用格式为

```
plot(x1,y1,x2,y2,…,xn,yn)
```

(1) 当输入参数都为向量时，$x1$ 和 $y1$，$x2$ 和 $y2$，…，xn 和 yn 分别组成一组向量对，每一组向量对的长度可以不同。每一个向量对可以绘制出一条曲线，这样可以在同一坐标内绘制出多条曲线。

(2) 当输入参数有矩阵形式时，配对的 x、y 按对应列元素为横、纵坐标分别绘制曲线，曲线条数等于矩阵的列数。

【例 6-3】分析下列程序绘制的曲线。

程序如下：

```
x1=linspace(0,2*pi,100);
x2=linspace(0,3*pi,100);
x3=linspace(0,4*pi,100);
y1=sin(x1);
y2=1+sin(x2);
y3=2+sin(x3);
x=[x1;x2;x3]';
y=[y1;y2;y3]';
plot(x,y,x1,y1-1)
```

绘制的曲线如图 6-3 所示。

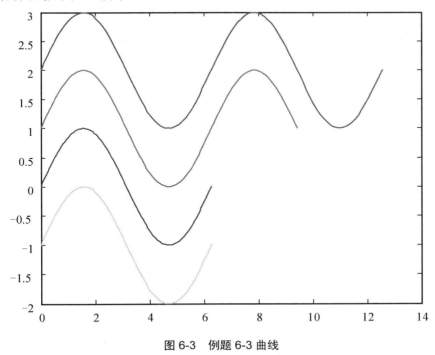

图 6-3　例题 6-3 曲线

MATLAB 帮助系统及函数功能说明如图 6-4 及图 6-5 所示。

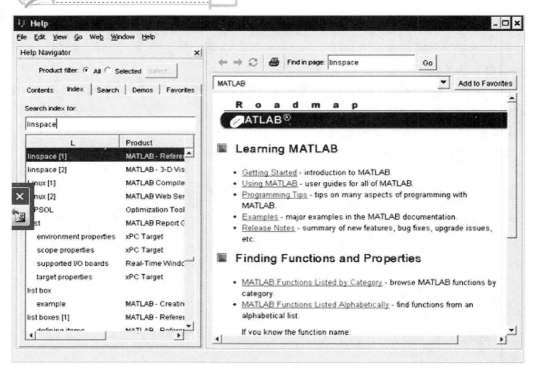

图 6-4　MATLAB 帮助系统

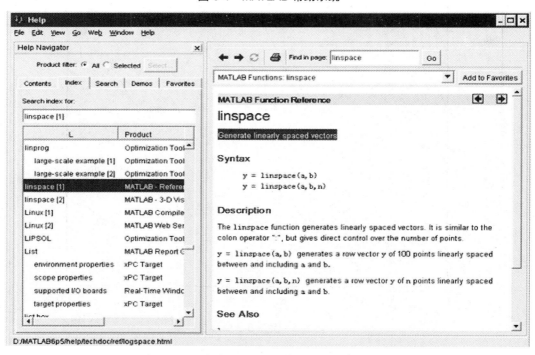

图 6-5　MATLBAB 帮助系统函数功能说明

3) 具有两个纵坐标标度的图形

在 MATLAB 中，如果需要绘制出具有不同纵坐标标度的两个图形，可以使用 plotyy 绘图函数。调用格式为

```
plotyy(x1,y1,x2,y2)
```

其中 $x1$、$y1$ 对应一条曲线，$x2$、$y2$ 对应另一条曲线。横坐标的标度相同，纵坐标有两个，左纵坐标用于 $x1$、$y1$ 数据对，右纵坐标用于 $x2$、$y2$ 数据对。

【例6-4】用不同标度在同一坐标内绘制曲线 $y1 = 0.2e^{-0.5x}\cos(4\pi x)$ 和 $y2 = 2e^{-0.5x}\cos(\pi x)$。程序如下：

```
x=0:pi/100:2*pi;
y1=0.2*exp(-0.5*x).*cos(4*pi*x);
y2=2*exp(-0.5*x).*cos(pi*x);
plotyy(x,y1,x,y2);
```

绘制曲线如图 6-6 所示。

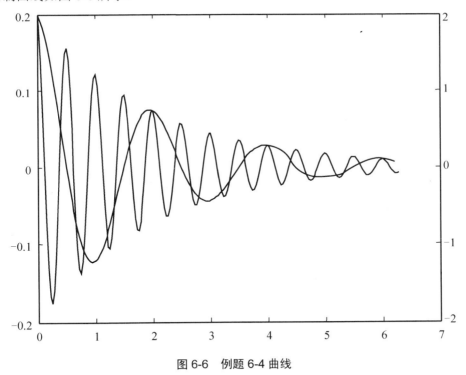

图 6-6　例题 6-4 曲线

4) 图形保持

hold on/off 命令控制是保持原有图形或是刷新原有图形，不带参数的 hold 命令在两种状态之间进行切换。

【例6-5】采用图形保持，在同一坐标内绘制曲线 $y1 = 0.2e^{-0.5x}\cos(4\pi x)$ 和 $y2 = 2e^{-0.5x}\cos(\pi x)$。

程序如下：

```
x=0:pi/100:2*pi;
y1=0.2*exp(-0.5*x).*cos(4*pi*x);
plot(x,y1)
hold on
y2=2*exp(-0.5*x).*cos(pi*x);
plot(x,y2);
hold off
```

绘制曲线如图 6-7 所示。

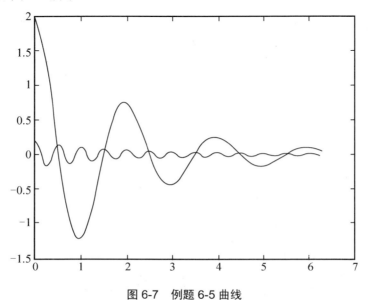

图 6-7　例题 6-5 曲线

3．设置曲线样式

plot($x1,y1$,LineSpec，⋯,xn,yn,LineSpec)函数中 LineSpec 用于控制图像外观，指定线条的类型(如实线、虚线、点划线等)、标识符号、颜色等属性。该参数的常用设置选项见表 6-1。

plot($x1,y1$,lineSpec,'PropertyName',Property Value)函数使用属性名称和属性值指定线条的特性，还可以设置其中的 4 种附加的属性，见表 6-2。

表 6-1　线型和颜色控制符

点标记		线型		颜色	
.	点	−	实线	y	黄色
o	小圆圈	:	虚线	m	棕色
x	叉子符	-.	点画线	c	青色
+	加号	−−	间断线	r	红色
*	星号			g	绿色

点标记		线型		颜色	
'square'或 s	方形			b	蓝色
'diamond'或 d	菱形			w	白色
∧	朝上三角			k	黑色
∨	朝下三角				
>	朝右三角				
<	朝左三角				
'pentagram' 或 p	五角星				
'hexagram'或 h	六角星				

表 6-2　线型的 4 种附加属性

属性	说明
LineWidth	用来指定线的宽度
MakerEdgeColor	用来指定标识表面的颜色
MarkerFaceColor	填充标识的颜色
MarkerSize	指定标识的大小

　　MATLAB 提供了一些绘图选项，用于确定所绘曲线的线型、颜色和数据点标记符号，它们可以组合使用。例如，"b-."表示蓝色点划线，"y:d"表示黄色虚线并用菱形符标记数据点。当选项省略时，MATLAB 规定，线型一律用实线，颜色将根据曲线的先后顺序依次显示。要设置曲线样式可以在 plot 函数中加绘图选项，其调用格式为

```
plot(x1, y1,选项 1, x2, y2,选项 2,…, xn, yn,选项 n)
```

【例 6-6】在同一坐标内，分别用不同线型和颜色绘制曲线 $y1 = 0.2\mathrm{e}^{-0.5x}\cos(4\pi x)$ 和 $y2 = 0.2\mathrm{e}^{-0.5x}\cos(\pi x)$，标记两曲线交叉点。

　　程序如下：

```
x=linspace(0,2*pi,1000);
y1=0.2*exp(-0.5*x).*cos(4*pi*x);
y2=2*exp(-0.5*x).*cos(pi*x);
k=find(abs(y1-y2)<1e-2);          %查找 y1 与 y2 相等点(近似相等)的下标
x1=x(k);                          %取 y1 与 y2 相等点的 x 坐标
y3=0.2*exp(-0.5*x1).*cos(4*pi*x1); %求 y1 与 y2 值相等点的 y 坐标
plot(x,y1,x,y2,'k:',x1,y3,'bp');
```

　　绘制曲线如图 6-8 所示。

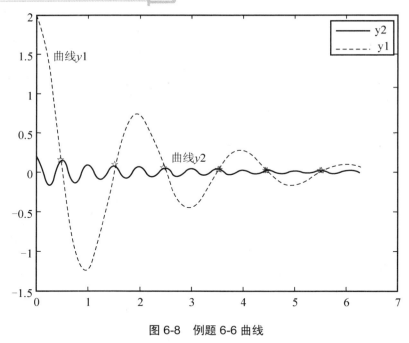

图 6-8   例题 6-6 曲线

4. 图形标注与坐标控制

1) 图形标注

有关图形标注函数的调用格式为

```
title(图形名称)
xlabel(x 轴说明)
ylabel(y 轴说明)
text(x,y,图形说明)
legend(图例 1,图例 2,…)
```

函数中的说明文字，除使用标准的 ASCII 字符外，还可使用 LaTeX 格式的控制字符，这样就可以在图形上添加希腊字母、数学符号及公式等内容。例如，text(0.3,0.5, 'sin({\omega}t + {\beta})')将得到标注效果 $\sin(\omega t + \beta)$。

【例 6-7】在 $0 \leqslant x \leqslant 2\pi$ 区间内，绘制曲线 $y1 = 2e^{-0.5x}$ 和 $y2 = \cos(4\pi x)$，并给图形添加图形标注。

程序如下：

```
x=0:pi/100:2*pi;
y1=2*exp(-0.5*x);
y2=cos(4*pi*x);
plot(x,y1,x,y2)
title('x from 0 to 2{\pi}');          %加图形标题
xlabel('Variable X');                  %加 X 轴说明
```

```
ylabel('Variable Y');                    %加 Y 轴说明
text(0.8,1.5,'曲线 y1=2e^{-0.5x}');      %在指定位置添加图形说明
text(2.5,1.1,'曲线 y2=cos(4{\pi}x)');   %加图例
legend('y1','y2')                        %加图例
```

绘制曲线如图 6-9 所示。

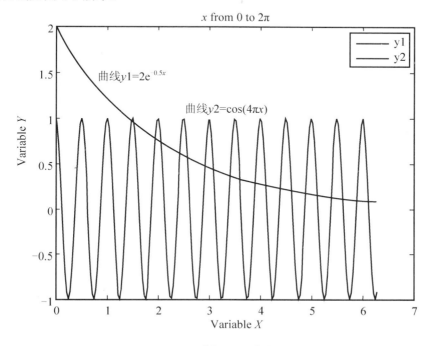

图 6-9 例题 6-7 曲线

2) 坐标控制

axis 函数的调用格式为

```
axis([xmin xmax ymin ymax zmin zmax])
axis 函数功能丰富,常用的格式还有以下几种。
axis equal：纵、横坐标轴采用等长刻度。
axis square：产生正方形坐标系(缺省为矩形)。
axis auto：使用缺省设置。
axis off：取消坐标轴。
axis on：显示坐标轴。
```

给坐标加网格线用 grid 命令来控制。grid on/off 命令控制是画或不画网格线，不带参数的 grid 命令在两种状态之间进行切换。

给坐标加边框用 box 命令来控制。box on/off 命令控制是加或不加边框线，不带参数的 box 命令在两种状态之间进行切换。

【例 6-8】在同一坐标中，绘制 3 个同心圆，并加坐标控制。

程序如下：

```
t=0:0.01:2*pi;
x=exp(i*t);
y=[x;2*x;3*x]';
plot(y,'*')
grid on;            %加网格线
box on;             %加坐标边框
axis equal          %坐标轴采用等刻度
```

绘制同心圆如图 6-10 所示。

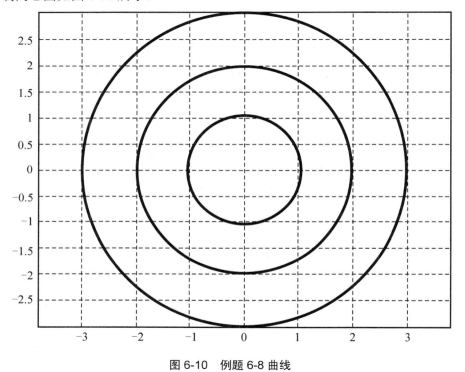

图 6-10   例题 6-8 曲线

5. 图形的可视化编辑

MATLAB 6.5 版本在图形窗口中提供了可视化的图形编辑工具，利用图形窗口菜单栏或工具栏中的有关命令可以完成对窗口中各种图形对象的编辑处理。在图形窗口上有一个菜单栏和工具栏。菜单栏包含 File、Edit、View、Insert、Tools、Window 和 Help 共 7 个菜单项，工具栏包含 11 个命令按钮。

6. 对函数自适应采样的绘图函数

fplot 函数的调用格式为

```
fplot(fname,lims,tol,选项)
```

其中，fname 为函数名，以字符串形式出现，lims 为 x、y 的取值范围，tol 为相对允许误差，其系统默认值为 2e-3。选项定义与 plot 函数相同。

【例 6-9】用 fplot 函数绘制 $f(x)=\cos(\tan(\pi x))$ 的曲线。

命令如下：

```
fplot('cos(tan(pi*x))',[0,1],1e-4)
```

绘制曲线如图 6-11 所示。

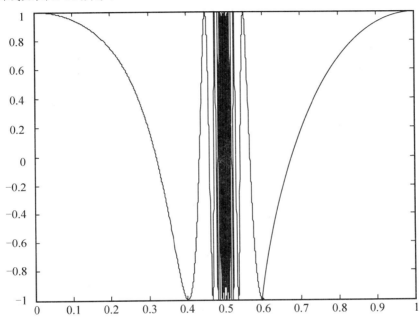

图 6-11　例题 6-9 曲线

7. 图形窗口的分割

subplot 函数的调用格式为

```
subplot(m,n,p)
```

该函数将当前图形窗口分成 $m \times n$ 个绘图区，即每行 n 个，共 m 行，区号按行优先编号，且选定第 p 个区为当前活动区。在每一个绘图区允许以不同的坐标系单独绘制图形。

【例 6-10】在图形窗口中，以子图形式同时绘制多根曲线。

程序如下：

```
x=0:pi/100:2*pi;
y1=cos(2*pi*x);
y2=sin(pi*x);
subplot(1,2,1);
plot(x,y1,'m-');
```

```
subplot(1,2,2);
plot(x,y2,'k:');
```

绘制曲线如图 6-12 所示。

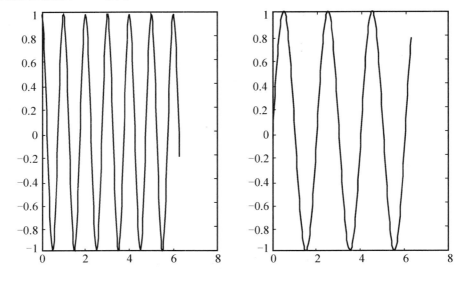

图 6-12　例题 6-10 曲线

6.2　其他二维图形

1. 其他坐标系下的二维数据曲线图

1) 对数坐标图形

MATLAB 提供了绘制对数和半对数坐标曲线的函数，调用格式为

```
semilogx(x1,y1,选项1,x2,y2,选项2,…)
semilogy(x1,y1,选项1,x2,y2,选项2,…)
loglog(x1,y1,选项1,x2,y2,选项2,…)
```

【例 6-11】绘制 $y=10^{x^2}$ 的对数坐标图并与直角线性坐标图进行比较。

程序如下：

```
x=0:0.1:10;
y=10.^(x*2);
subplot(2,2,1);
plot(x,y)
title('plot(x,y)');
subplot(2,2,2);
semilogx(x,y);
```

```
title('semilogx(x,y)');
subplot(2,2,3);
semilogy(x,y);
title('semilogy(x,y)');

subplot(2,2,4);
loglog(x,y);
title('loglog(x,y)');
```

绘制曲线如图 6-13 所示。

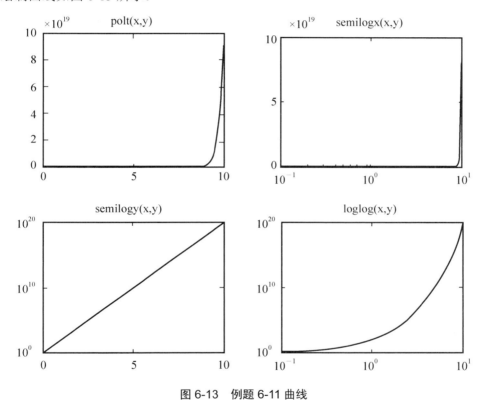

图 6-13　例题 6-11 曲线

2) 极坐标图

polar 函数用来绘制极坐标图，其调用格式为

```
polar(theta,rho,选项)
```

其中 theta 为极坐标极角，rho 为极坐标矢径，选项的内容与 plot 函数相似。

【例 6-12】绘制 $r = \sin(t)\cos(t)$ 的极坐标图，并标记数据点。

程序如下：

```
t=0:pi/50:2*pi;
```

```
r=sin(t).*cos(t);
polar(t,r,'o');
```

绘制曲线如图 6-14 所示。

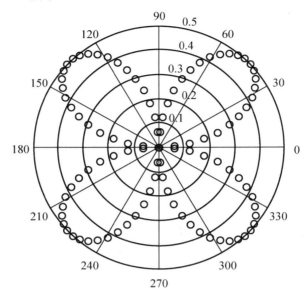

图 6-14　例题 6-12 曲线

2. 二维统计分析图

在 MATLAB 中，二维统计分析图形很多，常见的有条形图、阶梯图、杆图和填充图等，所采用的函数分别是：bar(*x*,*y*,选项)、stairs(*x*,*y*,选项)、stem(*x*,*y*,选项)、fill(*x*1,*y*1,选项 1,*x*2,*y*2,选项 2,…)。

【例 6-13】分别以条形图、阶梯图、杆图和填充图形式绘制曲线 *y*＝2sin(*x*)。

程序如下：

```
x=0:pi/10:2*pi;
y=2*sin(x);
subplot(2,2,1);bar(x,y,'m');
title('bar(x,y,''k'')');axis([0,7,-2,2]);
subplot(2,2,2);stairs(x,y,'r');
title('stairs(x,y,''b'')');axis([0,7,-2,2]);
subplot(2,2,3);stem(x,y,'g');
title('stem(x,y,''k'')');axis([0,7,-2,2]);
subplot(2,2,4);fill(x,y,'b');
title('fill(x,y,''y'')');axis([0,7,-2,2]);
```

绘制曲线如图 6-15 所示。

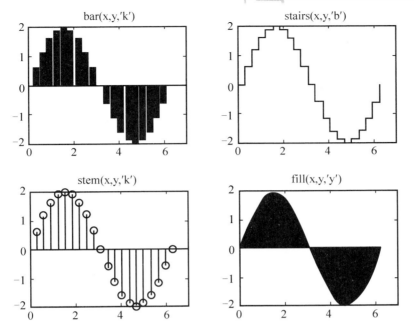

图 6-15　例题 6-13 曲线

MATLAB 提供的统计分析绘图函数还有很多，例如，用来表示各元素占总和的百分比的饼图、复数的相量图等。

【例 6-14】绘制例图形。

(1) 某企业全年各季度的产值(单位：万元)分别为 2347、1827、2043、3025，试用饼图作统计分析。

(2) 绘制复数的相量图：7＋2.9i、2－3i 和－1.5－6i。

程序如下：

```
subplot(1,2,1);
pie([2347,1827,2043,3025]);
title('饼图');
legend('一季度','二季度','三季度','四季度');
subplot(1,2,2);
compass([7+2.9i,2-3i,-1.5-6i]);
title('相量图');
```

6.3　隐函数绘图

绘制的图形如图 6-16 所示。MATLAB 提供了一个 ezplot 函数绘制隐函数图形，下面介绍其用法。

(1) 对于函数 $f=f(x)$，ezplot 函数的调用格式为

```
ezplot(f)：在默认区间-2π<x<2π绘制 f = f(x)的图形。
ezplot(f, [a,b])：在区间 a<x<b 绘制 f = f(x)的图形。
```

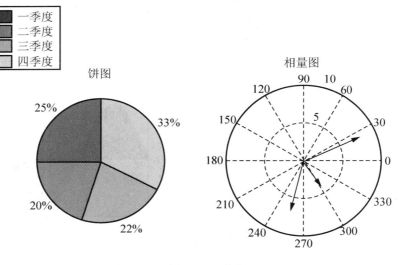

图 6-16　例题 6-14 曲线

(2) 对于隐函数 $f=f(x,y)$，ezplot 函数的调用格式为

```
ezplot(f)：在默认区间-2π<x<2π和-2π<y<2π绘制 f(x,y) = 0 的图形。
ezplot(f, [xmin,xmax,ymin,ymax])：在区间 xmin<x<xmax 和 ymin<y<ymax 绘制
f(x,y)=0 的图形。
ezplot(f, [a,b])：在区间 a<x<b 和 a<y< b 绘制 f(x,y)=0 的图形。
```

(3) 对于参数方程 $x=x(t)$ 和 $y=y(t)$，ezplot 函数的调用格式为

```
ezplot(x,y)：在默认区间 0<t<2π绘制 x=x(t)和 y=y(t)的图形。
ezplot(x,y, [tmin,tmax])：在区间 tmin < t < tmax 绘制 x=x(t)和 y=y(t)的图形。
```

【例 6-15】隐函数绘图应用举例。
程序如下：

```
subplot(2,2,1);
ezplot('x^2+y^2-9');axis equal
subplot(2,2,2);
ezplot('x^3+y^3-5*x*y+1/5')
subplot(2,2,3);
ezplot('cos(tan(pi*x))',[ 0,1])
subplot(2,2,4);
ezplot('8*cos(t)','4*sqrt(2)*sin(t)',[0,2*pi])
```

绘制曲线如图 6-17 所示。

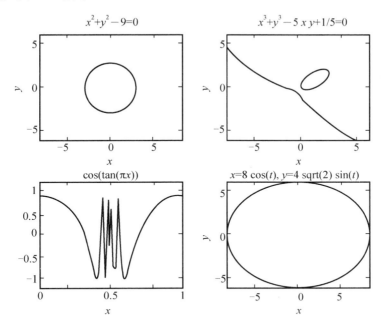

图 6-17　例题 6-15 曲线

6.4　三　维　图　形

1.　三维曲线

plot3 函数与 plot 函数用法十分相似，其调用格式为

```
plot3(x1,y1,z1,选项1,x2,y2,z2,选项2,…,xn,yn,zn,选项n)
```

其中每一组 x、y、z 组成一组曲线的坐标参数，选项的定义和 plot 函数相同。当 x、y、z 是同维向量时，则 x、y、z 对应元素构成一条三维曲线。当 x、y、z 是同维矩阵时，则以 x、y、z 对应列元素绘制三维曲线，曲线条数等于矩阵列数。

【例 6-16】绘制三维曲线。

程序如下：

```
t=0:pi/100:20*pi;
x=sin(t);
y=cos(t);
z=t.*sin(t).*cos(t);
plot3(x,y,z);
title('Line in 3-D Space');
xlabel('X');ylabel('Y');zlabel('Z');
grid on;
```

绘制曲线如图 6-18 所示。

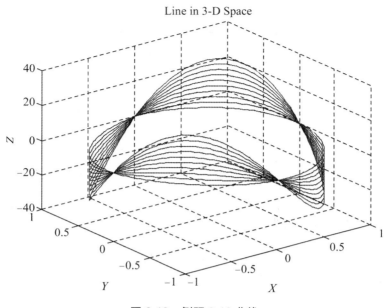

图 6-18   例题 6-16 曲线

2. 三维曲面

1) 产生三维数据

在 MATLAB 中，利用 meshgrid 函数产生平面区域内的网格坐标矩阵。其格式为

```
x=a:d1:b; y=c:d2:d;
[X,Y]=meshgrid(x,y);
```

语句执行后，矩阵 **X** 的每一行都是向量 x，行数等于向量 y 的元素的个数，矩阵 **Y** 的每一列都是向量 y，列数等于向量 x 的元素的个数。

2) 绘制三维曲面的函数

surf 函数和 mesh 函数的调用格式为

```
mesh(x,y,z,c)
surf(x,y,z,c)
```

一般情况下，x、y、z 是维数相同的矩阵。x、y 是网格坐标矩阵，z 是网格点上的高度矩阵，c 用于指定在不同高度下的颜色范围。

【例 6-17】绘制三维曲面图 $z = \sin(x + \sin(y)) - x/10$。

程序如下：

```
[x,y]=meshgrid(0:0.25:4*pi);
z=sin(x+sin(y))-x/10;
mesh(x,y,z);
axis([0 4*pi 0 4*pi -2.5 1]);
```

绘制曲线如图 6-19 所示。

此外，还有带等高线的三维网格曲面函数 meshc 和带底座的三维网格曲面函数 meshz。其用法与 mesh 类似，不同的是 meshc 在 xy 平面上绘制曲面在 z 轴方向的等高线，meshz 在 xy 平面上绘制曲面的底座。

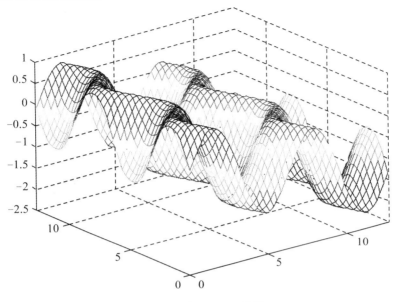

图 6-19　例题 6-17 曲线

【例 6-18】在 xy 平面内选择区域[−8,8]×[−8,8]，绘制 4 种三维曲面图。

程序如下：

```
[x,y]=meshgrid(-8:0.5:8);
z=sin(sqrt(x.^2+y.^2))./sqrt(x.^2+y.^2+eps);
subplot(2,2,1);
mesh(x,y,z);
title('mesh(x,y,z)')
subplot(2,2,2);
meshc(x,y,z);
title('meshc(x,y,z)')
subplot(2,2,3);
meshz(x,y,z)
title('meshz(x,y,z)')
subplot(2,2,4);
surf(x,y,z);
title('surf(x,y,z)')
```

绘制的曲面图如图 6-20 所示。

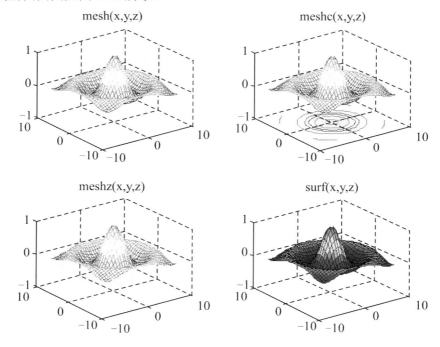

图 6-20　例题 6-18 曲线

3) 标准三维曲面

sphere 函数的调用格式为

```
[x,y,z]=sphere(n)
```

cylinder 函数的调用格式为

```
[x,y,z]= cylinder(R,n)
```

MATLAB 还有一个 peaks 函数，称为多峰函数，常用于三维曲面的演示。

【例 6-19】绘制标准三维曲面图形。

程序如下：

```
t=0:pi/20:2*pi;
[x,y,z]= cylinder(2+sin(t),30);
subplot(2,2,3);
surf(x,y,z);
subplot(2,2,4);
[x,y,z]=sphere;
surf(x,y,z);
subplot(2,1,1);
[x,y,z]=peaks(30);
surf(x,y,z);
```

绘制的曲面如图 6-21 所示。

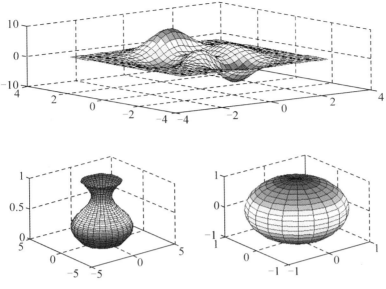

图 6-21　例题 6-19 曲面

3. 其他三维图形

在介绍二维图形时，曾提到条形图、杆图、饼图和填充图等特殊图形，它们还可以以三维形式出现，使用的函数分别是 bar3、stem3、pie3 和 fill3。

bar3 函数绘制三维条形图，常用格式为

```
bar3(y)
bar3(x,y)
```

stem3 函数绘制离散序列数据的三维杆图，常用格式为

```
stem3(z)
stem3(x,y,z)
```

pie3 函数绘制三维饼图，常用格式为

```
pie3(x)
```

fill3 函数等效于三维函数 fill，可在三维空间内绘制出填充过的多边形，常用格式为

```
fill3(x,y,z,c)
```

【例 6-20】绘制三维图形，具体要求如下。

(1) 用随机的顶点坐标值画出 5 个黄色三角形。

(2) 以三维杆图形式绘制曲线 $y=2\sin(x)$。

(3) 已知 $x=[2347,1827,2043,3025]$，绘制饼图。

(4) 绘制魔方阵的三维条形图。

程序如下：

```
subplot(2,2,1);
fill3(rand(3,5),rand(3,5),rand(3,5), 'y' )
title('五个黄色三角形');
subplot(2,2,2);
y=2*sin(0:pi/10:2*pi);
stem3(y);
title('y=2sin(x)');
subplot(2,2,3);
pie3([2347,1827,2043,3025]);
title('饼图');
subplot(2,2,4);
bar3(magic(4))
title('魔方阵的三维条形图')
```

绘制的图形如图 6-22 所示。

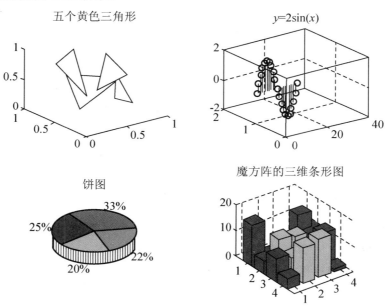

图 6-22   例题 6-20 图形

【例 6-21】绘制多峰函数的瀑布图和等高线图。
程序如下：

```
subplot(1,2,1);
[X,Y,Z]=peaks(30);
waterfall(X,Y,Z)
xlabel('X-axis'),ylabel('Y-axis'),zlabel('Z-axis');
```

```
subplot(1,2,2);
contour3(X,Y,Z,12,'k');          %其中 12 代表高度的等级数
xlabel('X-axis'),ylabel('Y-axis'),zlabel('Z-axis');
```

绘制的图形如图 6-23 所示。

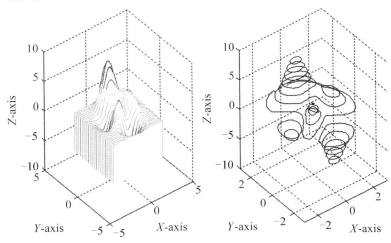

图 6-23　例题 6-21 图形

6.5　图形修饰处理

1. 视点处理

MATLAB 提供了设置视点的函数 view，其调用格式为

```
view(az,el)
```

其中，*az* 为方位角，*el* 为仰角，它们均以度为单位。系统缺省的视点定义为方位角 $-37.5°$，仰角 $30°$。

【例 6-22】从不同视点观察三维曲线。

程序如下：

```
t=0:pi/20:2*pi;
[x,y,z]=cylinder(2+sin(t),30);
subplot(2,2,1);colormap(flag);
surf(x,y,z);
view(90,0);
subplot(2,2,2);
surf(x,y,z);
view(60,30);
subplot(2,2,3);
surf(x,y,z);
```

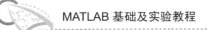
```
view(40,50);
subplot(2,2,4);
surf(x,y,z);
view(0,90);
```

绘制的图形如图 6-24 所示。

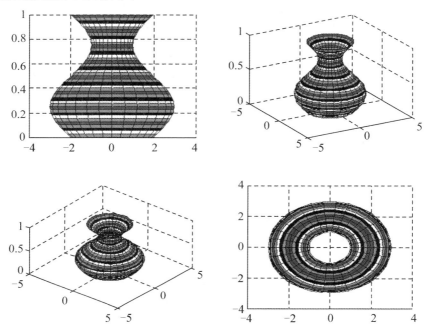

图 6-24　例题 6-22 图形

2. 色彩处理

1) 颜色的向量表示

MATLAB 除用字符表示颜色外，还可以用含有 3 个元素的向量表示颜色。向量元素在 [0,1]范围取值，3 个元素分别表示红、绿、蓝 3 种颜色的相对亮度，称为 RGB 三元组。

2) 色图

色图(Color map)是 MATLAB 系统引入的概念。在 MATLAB 中，每个图形窗口只能有一个色图。色图是 $m \times 3$ 的数值矩阵，它的每一行是 RGB 三元组。色图矩阵可以人为地生成，也可以调用 MATLAB 提供的函数来定义色图矩阵。

3) 三维表面图形的着色

三维表面图实际上就是在网格图的每一个网格片上涂上颜色。surf 函数用缺省的着色方式对网格片着色。除此之外，还可以用 shading 命令来改变着色方式。

shading faceted 命令将每个网格片用其高度对应的颜色进行着色，但网格线仍保留着，其颜色是黑色。这是系统的缺省着色方式。

shading flat 命令将每个网格片用同一个颜色进行着色，且网格线也用相应的颜色，从而使得图形表面显得更加光滑。

shading interp 命令在网格片内采用颜色插值处理，得出的表面图显得最光滑，内置的
颜色映像 colormap 见表 6-3。

表 6-3 内置的颜色映像 colormap

函数	功能描述
hsv	色彩饱和值(以红色开始和结束)
hot	从黑到红到黑到白
cool	青蓝和洋红的色度
pink	粉红的彩色度
gray	线性灰度
bone	带一点蓝色的灰度
jet	hsv 的一种变形(以蓝色开始和结束)
copper	线性铜色度
prim	三棱镜，交替为红色、橘黄色、黄色、绿色和天蓝色
flag	交替为红色、白色、蓝色和黑色

【例 6-23】3 种图形着色方式的效果展示。

程序如下：

```
[x,y,z]=sphere(20);
colormap(gray);
subplot(1,3,1);
surf(x,y,z);
axis equal
subplot(1,3,2);
surf(x,y,z);shading flat;
axis equal
subplot(1,3,3);
surf(x,y,z);shading interp;
axis equal
```

效果图如图 6-25 所示。

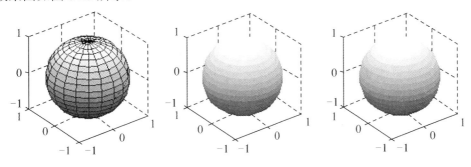

图 6-25 例题 6-23 效果图

3. 光照处理

MATLAB 提供了灯光设置的函数，其调用格式为

```
light('Color',选项 1,'Style',选项 2,'Position',选项 3)
```

【例6-24】光照处理后的球面。

程序如下：

```
[x,y,z]=sphere(20);
subplot(1,2,1);
surf(x,y,z);axis equal;
light('Posi',[0,1,1]);
shading interp;
hold on;
plot3(0,1,1,'p');text(0,1,1,' light');
subplot(1,2,2);
surf(x,y,z);axis equal;
light('Posi',[1,0,1]);
shading interp;
hold on;
plot3(1,0,1,'p');text(1,0,1,' light');
```

效果图如图 6-26 所示。

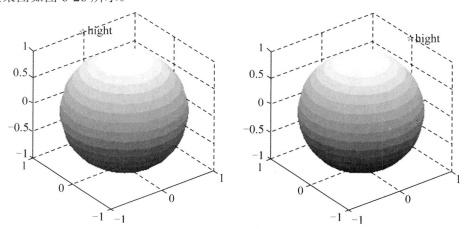

图 6-26 例题 6-24 图

4. 图形的裁剪处理

【例6-25】绘制三维曲面图，并进行插值着色处理，裁掉图中 x 和 y 都小于 0 的部分。

程序如下：

```
[x,y]=meshgrid(-5:0.1:5);
z=cos(x).*cos(y).*exp(-sqrt(x.^2+y.^2)/4);
```

```
surf(x,y,z);shading interp;
pause                 %程序暂停
i=find(x<=0&y<=0);
z1=z;z1(i)=NaN;
surf(x,y,z1);shading interp;
```

为了展示裁剪效果，第一个曲面绘制完成后暂停，然后显示裁剪后的曲面。

6.6　图像处理与动画制作

1. 图像处理

1) imread 和 imwrite 函数

imread 和 imwrite 函数分别用于将图像文件读入 MATLAB 工作空间，以及将图像数据和色图数据一起写入一定格式的图像文件。MATLAB 支持多种图像文件格式，如 bmp、jpg、jpeg、tif 等。

2) image 和 imagesc 函数

这两个函数用于图像显示。为了保证图像的显示效果，一般还应使用 colormap 函数设置图像色图。

【例 6-26】有一图像文件 flower.jpg，在图形窗口显示该图像。

程序如下：

```
[x,cmap]=imread('flower.jpg');    %读取图像的数据阵和色图阵
image(x);colormap(cmap);
axis image off                    %保持宽高比并取消坐标轴
```

2. 动画制作

MATLAB 提供 getframe、moviein 和 movie 函数进行动画制作。

1) getframe 函数

getframe 函数可截取一幅画面信息(称为动画中的一帧)，一幅画面信息形成一个很大的列向量。显然，保存 n 幅图面就需一个大矩阵。

2) moviein 函数

moviein(n)函数用来建立一个足够大的 n 列矩阵。该矩阵用来保存 n 幅画面的数据，以备播放。之所以要事先建立一个大矩阵，是为了提高程序运行速度。

3) movie 函数

movie(m,n)函数播放由矩阵 m 所定义的画面 n 次，缺省时播放一次。

【例 6-27】绘制 peaks 函数曲面并且将它绕 z 轴旋转。

程序如下：

```
[X,Y,Z]=peaks(30);
surf(X,Y,Z)
```

```
axis([-3,3,-3,3,-10,10])
axis off;
shading interp;
colormap(hot);
m=moviein(20);            %建立一个 20 列大矩阵
for i=1:20
view(-37.5+24*(i-1),30)   %改变视点
m(:,i)=getframe;          %将图形保存到 m 矩阵
end
movie(m,2);               %播放画面 2 次
```

绘制的图形如图 6-27 所示。

图 6-27　例题 6-27 图

 **导入案例**

嫦娥奔月

编写一条程序反映嫦娥一号飞向月亮的轨迹图。

程序如下：

```
figure('name','嫦娥一号与月亮、地球关系');
%设置标题名字
s1=[0:.01:2*pi];
hold on;
axis equal;%建立坐标系
axis off % 除掉 Axes
r1=10;%月亮到地球的平均距离
r2=3;
%嫦娥一号到月亮的平均距离
w1=1;
%设置月亮公转角速度
w2=12
%设置嫦娥一号绕月亮公转角速度
t=0;
```

%初始时刻为 0

```
pausetime=.002;%设置暂停时间
sita1=0;
sita2=0;
%设置开始它们都在水平线上
set(gcf,'doublebuffer','on') %消除抖动
plot(-20,18,'color','r','marker','.','markersize',40);
text(-17,18,'地球');%对地球进行标识
p1=plot(-20,16,'color','b','marker','.','markersize',20);
text(-17,16,'月亮');%对月亮进行标识
p1=plot(-20,14,'color','w','marker','.','markersize',13);
text(-17,14,'嫦娥一号');
%对嫦娥一号进行标识
plot(0,0,'color','r','marker','.','markersize',60);%画地球
plot(r1*cos(s1),r1*sin(s1));%画月亮公转轨道
set(gca,'xlim',[-20 20],'ylim',[-20 20]);p1=plot(r1*cos(sita1),r1*sin
(sita1),'color','b','marker','.','markersize',30);%画月亮初始位置
l1=plot(r1*cos(sita1)+r2*cos(s1),r1*sin(sita1)+r2*sin(s1));%画嫦娥一号
绕月亮公转的轨道
p2x=r1*cos(sita1)+r2*cos(sita2);
p2y=r1*sin(sita1)+r2*sin(sita2);
p2=plot(p2x,p2y,'w','marker','.','markersize',20);%画嫦娥一号的初始位置
orbit=line('xdata',p2x,'ydata',p2y,'color','r');%画嫦娥一号的运动轨迹
while 1
 set(p1,'xdata',r1*cos(sita1),'ydata',r1*sin(sita1));%设置月亮的运动过程
 set(l1,'xdata',r1*cos(sita1)+r2*cos(s1),'ydata',r1*sin(sita1)+r2*sin
(s1));%设置嫦娥一号绕月亮的公转轨道的运动过程
 ptempx=r1*cos(sita1)+r2*cos(sita2);
 ptempy=r1*sin(sita1)+r2*sin(sita2);
 set(p2,'xdata',ptempx,'ydata',ptempy);%设置嫦娥一号的运动过程
 p2x=[p2x ptempx];
 p2y=[p2y ptempy];
 set(orbit,'xdata',p2x,'ydata',p2y);%设置嫦娥一号运动轨迹的显示过程
 sita1=sita1+w1*pausetime;%月亮相对地球转过的角度
 sita2=sita2+w2*pausetime;%嫦娥一号相对月亮转过的角度
 pause(pausetime); %暂停一会

 drawnow
end
```

绘制图形如图 6-28 所示。

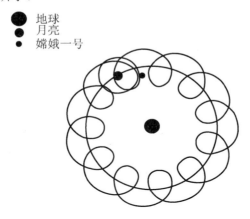

图 6-28　嫦娥一号与月球、地球的关系图

知识拓展

输出高品质 MATLAB 图形的方法与技巧

众所周知，MATLAB 最突出的优点之一是具有很强的绘图功能。但许多科技工作者在处理 MATLAB 图形时却遇到了问题。例如，当他们欲将自己的研究成果以专著或论文形式在出版社出版或在期刊上发表时，如何输出能满足出版社要求的 MATLAB 图形？如何将 MATLAB 图形插入到文档中，以实现图文混排？MATLAB 的输出图形".fig"文件格式及 Simulink 的仿真模型图".mdl"文件格式均不受 Word 支持，因此无法以文件形式直接插入到 Word 文档中。目前，比较流行的作法是将 MATLAB 的图形或 Simulink 的仿真模型图通过屏幕复制的方法(即按 PrtSc 键) 把整个屏幕以图像方式存入剪贴板；然后粘贴至 Windows 自带的画板中，并在画板中对图像进行编辑，去掉无用的信息后，再将图像存为 Windows 标准位图". bmp"文件格式；最后插入至 Word 文档中。这种方法虽然操作简单，但由于受屏幕分辨率的限制，使输出图形较为粗糙，图形品质不够理想。更为重要的是，目前许多正规出版社不接受位图格式文件，而要求作者提供矢量图形格式文件。

1. 用 print 命令输出或转换图形

MATLAB 提供了一个 print 命令，它可直接将 MATLAB 的图形及 Simulink 的仿真模型图转换为 EPS 文件。其格式为: print [2s] [2device] [2options] [filename]，print 后所跟的参数均为可选项，其中 2s 表示被转换的图形为 Simulink 的仿真模型图。如该项缺省，则被转换的对象为 MATLAB 的输出图形。2device 表示输出格式。该选项一定以 2d 开头，如 2deps 表示转换为 EPS 文件格式。此外，还可转换为其他格式的图形文件，如 2dill、2dpng、2dtiff、2djpeg 等分别表示转换为 AI (Adobe Illustrator)、PNG(Portable NetworkGraph)、便携式网络图形、TIFF(Tag Image File Format，标签图像格式)、JPEG(Joint Photographic Experts

Group，联合图片专家组)文件格式。2options 控制输出图形的特性，如分辨率(2r)、使用颜色(2cmyk)等。2cmyk 指使用 CMYK(Cyan、Magenta、Yellow、Black)色，而不用 RGB(Red、Green、Blue)色。filename 指转换后图形的文件名。如果没指定扩展名，print 将自动为之添加一个合适的扩展名。

下面举个例子：print2deps myfig，当前的 MATLAB 图形被存为 EPS 文件格式，文件名为 myfig. eps。如果上述命令中的选项 2deps 改为 2djpeg，则当前的 MATLAB 图形便被转换为 JPEG 文件格式，文件名为 myfig. jpg。

2．用 exportfig 函数转换图形

由上所述，print 命令可方便地将 MATLAB 的图形或 Simulink 的仿真模型图转化为 EPS 矢量图形文件格式。但也存在一些不足，如图形尺寸、颜色、图线粗细、标注尺寸等均不易改变。Ben Hinkle 最近公布了他所编制的 exportfig. m 文件。该文件克服了上述不足，但它仅适用于 MATLAB 的图形转换，对 Simulink 的仿真模型图的转换却无能为力。与 exportfig. m 有关的还有另外 3 个 M 文件：previewfig. m、applytofig. m、restorefig. m。它们可从下列网站下载:http :∥ measure. feld. cvut . cz/ usr/ staff/ smid/ faq/ matlab. html 使用 exportfig 函数的格式为:exportfig(gcf , filename, options)，其中 gcf (get current figure)指转换的图形为当前 MATLAB 图形，filename 指转换后图形的文件名。与 print 命令一样，若没指定扩展名，则 exportfig 将自动添加一个合适的扩展名；options 控制输出图形的特性。一项特性由一对参数组成，第一个为参数名称，第二个为参数值。若参数名称或参数值为字符串，则需加引号；若参数名称或参数值为数值，则不需加引号。exportfig 可指定的特性项数没有限制，且顺序可随意排列。主要特性有：

① 格式(format)，与 print 的输出格式相同，可为 eps、jpeg、png、tiff、ill 等、默认为 eps 格式；②尺寸，包括 width、height、bounds 等，它们分别指定图形的宽度、高度(数值)及是否紧凑(tight 或 loose、默认为 tight)；③颜色(color)，可有 4 种选择: bw、gray、rgb、cmyk、默认为 bw；④分辨率(resolution)，单位为 dpi；⑤字体大小，主要包括 fontmode(scaled 及 fixed，默认为 scaled)及 fontsize(数值)；⑥图线宽度，主要包括 linemode(scaled 及 fixed，默认为 scaled)及 linewidth(数值)。

下面举几个例子。

(1) exportfig(gcf ,′ myfig′ ,′ width′ ,6 ,′ format′ ,′ jpeg′)，当前图形被存为 myfig. jpg，图形宽度为 6 英寸，图形长与宽比例同屏幕显示一致。

(2) exportfig(gcf ,′ myfig′ ,′ linemode′ ,′ fixed′ ,′ linewidth′ ,1.5)，当前图形被存为 myfig. eps，图线宽度为 1.5。

(3) exportfig (gcf ,′ myfig′ ,′ format′ ,′ tiff′ ,′ resolution′ , 200 ,′ font2mode′ ,′ fixed′ ,′ fontsize′ ,8 ,′ color′ ,′ cmyk′)，当前图形被存为 myfig. tif，分辨率为 200dpi，字体大小为 8 points，颜色采用 CMYK。为了简化输入，可将指定的图形特性存入某一变量，当使用 exportfig 函数时只需调用该变量即可。

(4) opts = struct (′ width′ ,6 ,′ height′ ,4. 5 ,′ bounds′ ,′ tight′ ,′ font2mode′ ,′ fixed′ ,′ fontsize′ ,8 ,′ format′ ,′ tiff′ ,′ color′ ,′ cmyk′ ,′ resolution′ ,100 ,′ linemode′ ,′ fixed′ ,′ linewidth′ ,1. 5) ;exportfig(gcf ,′ myfig′ ,opts)

习 题 六

1．绘制下列曲线。

(1)　$y=\dfrac{100}{1+x^2}$　　　　　　(2)　$y=\dfrac{1}{2x}\,\mathrm{e}^{-\frac{x^2}{2}}$

(3)　$x^2+y^2=1$　　　　　　(4)　$\begin{cases}x=t^2\\y=5t^3\end{cases}$

2．绘制下列极坐标图。

(1)　$\rho=5\cos\theta+4$　　　　　　(2)　$\rho=\dfrac{12}{\sqrt{\theta}}$

(3)　$\rho=\dfrac{5}{\cos\theta}-7$　　　　　　(4)　$\rho=\dfrac{\pi}{3}\theta^2$

3．根据 $\dfrac{x^2}{a^2}+\dfrac{y^2}{25-a^2}=1$ 绘制平面曲线，并分析参数 a 对其形状的影响。

4．某工厂 2000 年度各季度的产值(单位：万元)分别为 450.6、395.9、410.2、450.9；试绘制折线图和饼图，并说明图形的实际意义。

5．低层绘图操作的基本思路是什么？它同高层绘图操作相比有什么特点？

实 验 六　绘 图 操 作

实验目的：

1．掌握绘制二维图形的常用函数。

2．掌握绘制三维图形的常用函数。

3．掌握绘制图形的辅助操作。

4．掌握对象属性的基本操作。

5．掌握利用图形对象进行绘图的操作方法。

实验要求：

1．进一步熟悉和掌握 MATLAB 的编程及调试。

2．掌握二维图形的绘制。

3．掌握图形交互指令的使用。

4．掌握图形属性的基本操作。

5．学会利用图形对象进行绘图操作。

实验内容：

一、高层绘图

1. 绘制 $y=[0.5+3\sin(x)/(1+x^2)]\cos(x)$ 的图形

参考答案

```
x=linspace(0,2*pi,101);
y=(0.5+3*sin(x)/(1+x.^2)).*cos(x);
plot(x,y);title('y=[0.5+3sin(x)/(1+x^{2})]cos(x)的图像如下:')
```

绘制图形如图 SY6-1 所示。

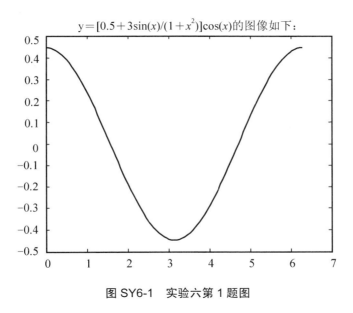

图 SY6-1　实验六第 1 题图

2. 已知 $y_1=x^2$，$y_2=\cos(2x)$，$y_3=y_1*y_2$，完成下列操作。

(1) 在同一坐标系下用不同的颜色和线型绘制 3 条曲线。

(2) 以子图形式绘制 3 条曲线。

(3) 分别用条形图、阶梯图、杆图和填充图绘制 3 条曲线。

参考答案

```
x=linspace(-2*pi,2*pi,500);
y1=x.^2;
y2=cos(2*x);
y3=y1.*y2;
subplot(3,1,1);
plot(x,y1);
subplot(3,1,2);
plot(x,y2);
subplot(3,1,3);
plot(x,y3);
```

绘制图形如图 SY6-2 及图 SY6-3 所示。

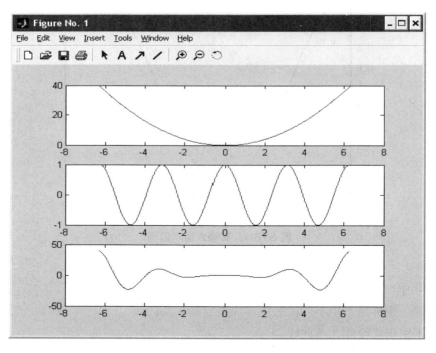

图 SY6-2　第(1)题图

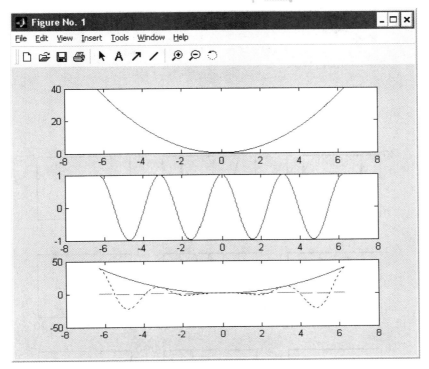

图 SY6-3　第(2)题图

```
x=linspace(-2*pi,2*pi,500);
y1=x.^2;
y2=cos(2*x);
y3=y1.*y2;
subplot(3,3,1);
bar(x,y1);  %条形图
subplot(3,3,2);
stairs(x,y1);  %阶梯图
subplot(3,3,3);
stem(x,y1);  %杆图
subplot(3,3,4);
bar(x,y2);
subplot(3,3,5);
stairs(x,y2);
subplot(3,3,6);
stem(x,y2);
subplot(3,3,7);
bar(x,y3);
```

```
subplot(3,3,8);
stairs(x,y3);
subplot(3,3,9);
stem(x,y3);
```

绘制图形如图 SY6-4 所示。

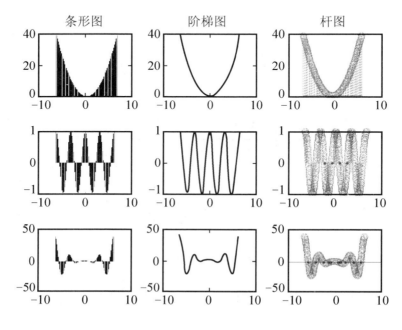

图 SY6-4　第(3)题图

二、低层绘图

1. 先利用缺省属性绘制曲线 $y=x^2e^{2x}$，然后通过图形句柄操作来改变曲线的颜色、线型和线宽，并利用文字对象给曲线添加文字标注。

参考答案

```
x=linspace(-2*pi,2*pi,500);
y=x.^2.*exp(2*x);h=plot(x,y);
set(h,'Color','r','LineStyle',':','LineWidth',5);
xlabel('X轴');
ylabel('Y轴');
title('下图是 y=x^2e^{2x}曲线的图像');
```

绘制图形如图 SY6-5 所示。

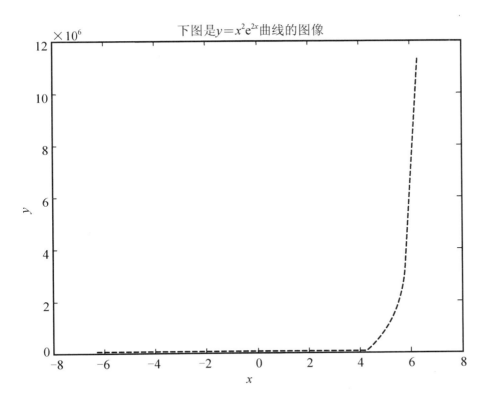

图 SY6-5　第 1 题图

2. 利用曲面对象绘制曲面 $v(x,t)=10\mathrm{e}^{-0.01x}\sin(2000\pi t-0.2x+\pi)$，并要求分别绘制在曲面 $x-y$、$x-z$、$y-z$ 的投影。

参考答案

```
a=linspace(-2*pi,2*pi,40);

b=linspace(-2*pi,2*pi,40);

[x,t]=meshgrid(a,b);

v=10*exp(-0.01*x).*sin(2000*pi*t-0.2*x+pi);

axes('view',[-37.5,30]);

h=surface(x,t,v,'FaceColor','w','EdgeColor','flat');

grid on;

title('函数图像如下');

set(h,'FaceColor','flat');
```

绘制图形如图 **SY6-6** 所示。

函数图像如下

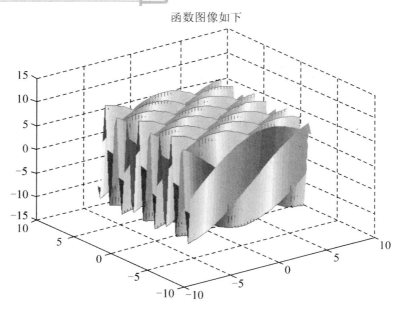

图 SY6-6　第 2 题图

第 **7** 章
MATLAB 在自动控制中的应用

在 MATLAB 的 Control System Toolbox(控制系统工具箱)中提供了许多仿真函数与模块，用于对控制系统的仿真与分析。因此，本章着重介绍控制系统的模型，时域分析方法和频域分析方法，极点配置与观测器设计及最优秀控制系统设计等内容。

教学要求：要求学生熟练地运用 MATLAB 的控制系统工具箱建立模型。

学 习 目 标

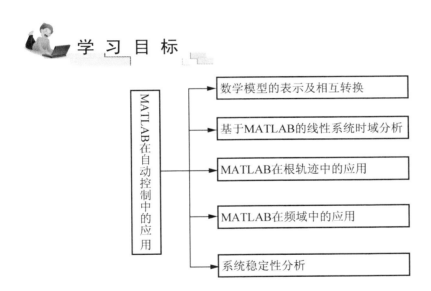

7.1 控制系统模型

1. 控制系统的描述与 LTI 对象

1) 控制系统的模型及转换

线性控制系统是一般线性系统的子系统。在 MATLAB 中，对自动控制系的描述采用 3 种模型：状态空间模型(ss)、传递函数模型(tf)以及零极点增益模型(zpk)。模型转换函数有 ss2tf、ss2zp、tf2ss、tf2zp、zp2ss 和 zp2tf。

2) LTI 对象

为了给系统的调用和计算带来方便，根据软件工程中面向对象的思想，MATLAB 通过建立专用的数据结构类型，把线性时不变系统(LTI)的各种模型封装成为统一的 LTI 对象。

MATLAB 控制系统工具箱中规定的 LTI 对象包含了 3 种子对象：ss 对象、tf 对象和 zpk 对象。每个对象都具有其属性和方法，通过对象方法可以存取或者设置对象的属性值。LTI 共有属性表见表 7-1。

表 7-1 LTI 共有属性表

属性名称	意义	属性的变量类型
Ts	采样周期	标量
Td	输入时延	数组
InputName	输入变量名	字符串单元矩阵(数组)
OutputName	输入变量名	字符串单元矩阵(数组)
Notes	说明	文本
Userdata	用户数据	任意数据类型

属性说明如下。

(1) 当系统为离散系统时，给出了系统的采样周期 Ts。$Ts=0$ 或默认时表示系统为连续时间系统；$Ts=-1$ 表示系统是离散系统，但它的采样周期未定。

(2) 输入时延 Td 仅对连续时间系统有效，其值为由每个输入通道的输入时延组成的时延数组，缺省表示无输入时延。(高版本改为：InputDelay)

(3) 输入变量名 InputName 和输出变量名 OutputName 允许用户定义系统输入输出的名称，其值为一字符串单元数组，分别与输入输出有相同的维数，可缺省。

(4) Notes 和用户数据 Userdata 用以存储模型的其他信息，常用于给出描述模型的文本信息，也可以包含用户需要的任意其他数据，可缺省。

3 种子对象特有属性 7-2。

表 7-2 3 种子对象特有属性

对象名称	属性名称	意义	属性值的变量类型
tf 对象 (传递函数)	den	传递函数分母系数	由行数组组成的单元阵列
	num	传递函数分子系数	由行数组组成的单元阵列
	variable	传递函数变量	s、z、p、k、z-1 中之一

续表

对象名称	属性名称	意义	属性值的变量类型
zpk 对象 (零极点增益)	k	增益	二维矩阵
	p	极点	由行数组组成的单元阵列
	variable	零极点增益模型变量	s、z、p、k、z-1 中之一
	z	零点	由行数组组成的单元阵列
ss 对象 (状态空间)	a	系数矩阵	二维矩阵
	b	系数矩阵	二维矩阵
	c	系数矩阵	二维矩阵
	d	系数矩阵	二维矩阵
	e	系数矩阵	二维矩阵
	StateName	状态变量名	字符串单元向量

2. LTI 模型的建立及转换函数

在 MATLAB 的控制系统工具箱中，各种 LTI 对象模型的生成和模型间的转换都可以通过一个相应函数来实现。生成 LTI 模型的函数见表 7-3。

表 7-3　生成 LTI 模型的函数

函数名称及基本格式	功能
dss (a, b, c, d, …)	生成(或将其他模型转换为)描述状态空间模型
filt(num, den, …)	生成(或将其他模型转换为)DSP 形式的离散传递函数
ss(a, b, c, d, …)	生成(或将其他模型转换为)状态空间模型
tf(num, den, …)	生成(或将其他模型转换为)传递函数模型
zpk (z, p, k, …)	生成(或将其他模型转换为)零极点增益模型

【例 7-1】生成连续系统的传递函数模型。

```
>> s1=tf([3,4,5],[1,3,5,7,9])
```

结果如下：

```
Transfer function:
    3 s^2 + 4 s + 5
----------------------------
s^4 + 3 s^3 + 5 s^2 + 7 s + 9
```

【例 7-2】生成离散系统的零极点模型。
MATLAB 源程序为

```
z={[] ,-0.5}; %单元阵列 p82
p={0.3,[0.1+2i,0.1-2i]};
```

```
k=[2,3];
s6=zpk(z,p,k,-1)
```

运行结果为

```
Zero/pole/gain from input 1 to output:    ←从第 1 输入端口至输出的零极点增益
 2
-------
(z-0.3)
Zero/pole/gain from input 2 to output:    ←从第 2 输入端口至输出的零极点增益
 3 (z+0.5)
------------------
(z^2 - 0.2z + 4.01)
Sampling time: unspecified
```

表明该系统为双输入单输出的离散系统。

注意：对任意 MIMO 系统，MATLAB 规定不同的行代表不同输出，不同列代表不同输入。

3. LTI 对象属性的设置与转换

获取和修改函数见表 7-4。

表 7-4   对象属性的获取和修改函数

函数名称及基本格式	功能
get (sys, 'PropertyName'，数值，…)	获得 LTI 对象的属性
set (sys, 'PropertyName'，数值，…)	设置和修改 LTI 对象的属性
ssdata,dssdata(sys)	获得变换后的状态空间模型参数
tfdata(sys)	获得变换后的传递函数模型参数
zpkdata(sys)	获得变换后的零极点增益模型参数
class	模型类型的检测

【例 7-3】传递函数模型参数的转换。

```
>> sys=tf([3,4,5],[1,3,5,7,9]);          %生成传递函数模型--连续系统
```

若要求出 sys 的零极点增益系统，可输入：

```
>> [z1,p1,k1,T1s]=zpkdata(sys)
```

得到：
```
z1 = [2x1 double]
p1 = [4x1 double]
k1 = 3
Ts1 =0
```

再输入>> z1{1},p1{1}
```
ans =
```

```
    -0.6667 + 1.1055i
    -0.6667 - 1.1055i
ans =
    -1.6673 + 0.9330i
    -1.6673 - 0.9330i
    0.1673 + 1.5613i
    0.1673 - 1.5613i
```

模型检测函数见表 7-5。

表 7-5　模型检测函数

函数名及调用格式	功能
isct(sys)	判断 LTI 对象 sys 是否为连续时间系统。若是，返回 1；否则返回 0
isdt(sys)	判断 LTI 对象 sys 是否为离散时间系统。若是，返回 1；否则返回 0
isempty(sys)	判断 LTI 对象 sys 是否为空。若是，返回 1；否则返回 0
isproper	判断 LTI 对象 sys 是否为特定类型对象。若是，返回 1；否则返回 0
issiso(sys)	判断 LTI 对象 sys 是否为 SISO 系统。若是，返回 1；否则返回 0
size(sys)	返回系统 sys 的维数

7.2　系统的时间响应分析

在控制过程的时域分析法中，常采用的典型输入实验信号有阶跃函数、脉冲函数、斜坡函数和加速度函数等，如图 7-1 所示。这些都是简单的时间函数。不同的系统或参数不同的系统，它们对同一典型输入信号的时间响应不同，反映出各种系统动态性能的差异，从而可确定出相应的性能指标，对系统的性能予以评定。

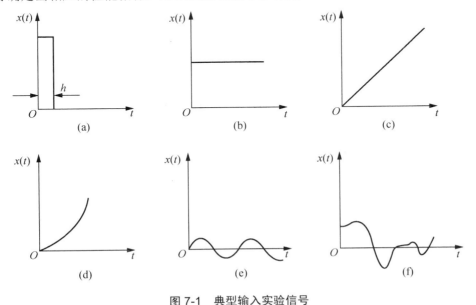

图 7-1　典型输入实验信号

1．阶跃函数

单位阶跃函数目前有 3 种定义，共同之处是自变量取值大于 0 时，函数值为 1，自变量取值小于 0 时，函数值为 0。不同之处是，自变量为 0 时函数值各不相同。

$$H(t) = \begin{cases} 1, & t > 0 \\ 0, & t < 0 \end{cases}$$

$$\theta(t) = \begin{cases} 1, & t > 0 \\ \dfrac{1}{2}, & t = 0 \\ 0, & t < 0 \end{cases}$$

$$\varepsilon(t) = \begin{cases} 1, & t \geq 0 \\ 0, & t < 0 \end{cases}$$

阶跃函数激励下动态电路的零状态响应称为阶跃响应。这里所说的零状态是指电容、电感的初始状态为零。

其线性电路的性质如下：①齐次性；②叠加性；③非时变性。

阶跃函数及其响应的用途介绍如下。

(1) 运用阶跃函数及其延时阶跃函数，可将分段常量信号表示为一系列阶跃信号之和，如图 7-2 所示。

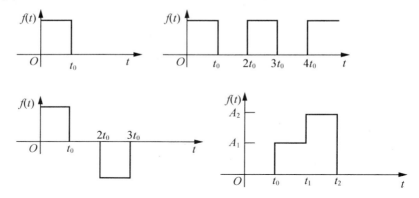

图 7-2　阶跃信号的组合(叠加)

(2) 由线性电路的上述 3 个性质可知，分段常量信号的零输入响应等于各阶跃函数单独作用于电路时的零状态响应之和。

2．脉冲函数

脉冲函数定义：在信号与系统学科中，冲激响应(或称脉冲响应)一般是指系统在输入为单位冲激函数时的输出(响应)。对于连续时间系统来说，冲激响应一般用函数 $h(t)$ 来表示。对于无随机噪声的确定性线性系统，当输入信号为一脉冲函数 $\delta(t)$ 时，系统的输出响应 $h(t)$ 称为脉冲响应函数。

脉冲响应函数可作为系统特性的时域描述。系统特性在时域可以用 $h(t)$ 来描述，在频域可以用 $H(\omega)$ 来描述，在复数域可以用 $H(s)$ 来描述。三者的关系也是一一对应的。

对于任意的输入 $u(t)$，线性系统的输出 $y(t)$ 表示为脉冲响应函数与输入的卷积，即如果系统是物理可实现的，那么输入开始之前，输出为 0，即当 $\tau < 0$ 时，$h(\tau) = 0$，这里 τ 是积分变量。

对于离散系统，脉冲响应函数是一个无穷权序列，系统的输出是输入序列 $u(t)$ 与权序列 $h(t)$ 的卷积和。系统的脉冲响应函数是一类非常重要的非参数模型。

辨识脉冲响应函数的方法分为直接法、相关法和间接法。

(1) 直接法：将波形较理想的脉冲信号输入系统，按时域的响应方式记录下系统的输出响应，可以是响应曲线或离散值。

(2) 相关法：由著名的维纳-霍夫方程得知，如果输入信号 $u(t)$ 的自相关函数 $R(t)$ 是一个脉冲函数 $k\delta(t)$，则脉冲响应函数在忽略一个常数因子意义下等于输入输出的互相关函数，即 $h(t) = (1/k)\mathrm{Ruy}(t)$。实际使用相关法辨识系统的脉冲响应时，常用伪随机信号作为输入信号，由相关仪器或数字计算机可获得输入输出的互相关函数 $\mathrm{Ruy}(t)$，因为伪随机信号的自相关函数 $R(t)$ 近似为一个脉冲函数，于是 $h(t) = (1/k)\mathrm{Ruy}(t)$，这是比较通用的方法。也可以输入一个带宽足够宽的近似白噪声信号，得到 $h(t)$ 的近似表示。

(3) 间接法：可以利用功率谱分析方法，先估计出频率响应函数 $H(\omega)$，然后利用傅里叶逆变换将它变换到时域上，便得到脉冲响应 $h(t)$。

3. 斜坡函数

$X(t) = k * t$，函数值与自变量成比例关系，如图 7-3 所示。

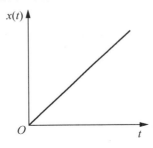

图 7-3　典型斜坡函数图

4. 加速度函数

$x(t) = at^2$，函数值与自变量的平方成比例关系，如图 7-4 所示。

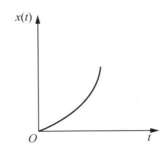

图 7-4　典型加速度函数图

5. 一阶系统

一阶系统的时间常数反应系统的惯性，惯性越小，系统响应过程越快；反之，惯性越大，响应越慢。这一结论也适用于一阶系统的其他响应。一阶系统的单位阶跃响应曲线如图 7-5 所示。

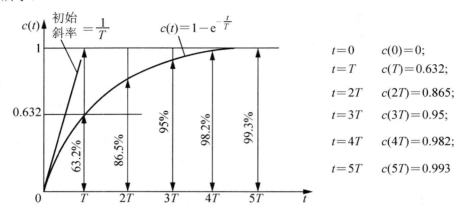

图 7-5　一阶系统的单位阶跃响应曲线

6. LTI 模型的单位阶跃响应函数 step()

输入信号为单位阶跃信号，在 MATLAB 中可用 step()函数实现。

格式：step(sys)。

功能：绘制系统 sys(sys 由函数 tf、zpk 或 ss 产生)的阶跃响应，结果不返回数据，只返回图形。对多输入多输出模型，将自动求每一输入的阶跃响应。

【例 7-4】系统传递函数为 $G(s)=\dfrac{C(s)}{R(s)}=\dfrac{1}{2s+1}$，$t\in[0,10]$，求取其单位阶跃响应。

输入以下 MATLAB 命令：

```
t=[0:0.1:10];
num=[1];
den=[2,1];
[y,x,t]=step(num,den,t);
plot(t,y);
xlabel('t');
ylabel('y');
title('单位阶跃信号')
```

其响应输出结果如图 7-6 所示。

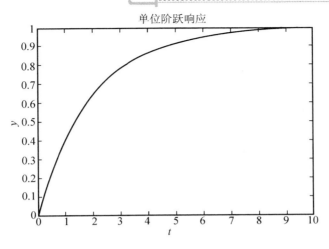

图 7-6　例题 7-4 单位阶跃响应

7. LTI 模型的单位冲激响应函数 impulse()

输入信号为单位脉冲信号，在 MATLAB 中可用 impulse()函数实现。

格式：impulse(sys)。

功能：绘制系统 sys(sys 由函数 tf、zpk 或 ss 产生)的单位冲激响应，结果不返回数据，只返回图形。

【例 7-5】系统传递函数为 $G(s)=\dfrac{4}{s^2+s+4}$，求脉冲响应。

程序如下：

```
sys=tf(4,[1,1,4]);          %生成传递函数模型
impulse(sys);               %计算并绘制系统的脉冲响应
title('脉冲响应');
```

响应输出结果如图 7-7 所示。

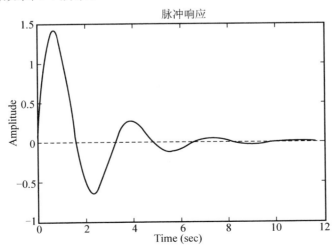

图 7-7　例题 7-5 脉冲响应

8. 状态空间模型系统的零响应函数 initial

格式：initial(sys, $x0$)。

功能：绘制状态空间模型 sys 在初始条件 $x0$ 下的零输入响应，不返回数据，只绘出响应曲线。该响应由如下方程表征。

连续时间：$x'=Ax$、$y=cx$、$x(0)=x0$。

离散时间：$x[k+1]=Ax[k]$、$y[k]=Cx[k]$、$x[0]=x0$。

9. LTI 模型任意输入的响应函数 lsim()

格式：lsim(sys,u,T)。

功能：计算和绘制 LTI 模型 sys 在任意输入 u、持续时间 T 的作用下的输出 y，不返回数据，只返回图形。T 为时间数组，它的步长必须与采样周期 Ts 相同。当 u 为矩阵时，它的列作为输入，且与 $T(i)$ 行的时间向量相对应。例如 $t=0:0.01:5$；$u=\sin(t)$；lsim(sys,u,t) 完成系统 sys 对输入 $u(t)=\sin(t)$ 在 5 秒内的响应仿真。

【例 7-6】求系统 $G(s)=\dfrac{s+1}{s^2+2s+5}$ 的方波响应，其中方波周期为 6 秒，持续时间 12 秒，采样周期为 0.1 秒。

程序如下：

```
[u,t]=gensig('square',6,12,0.1);      %生成方波信号
plot(t,u,'--');hold on;               %绘制激励信号
sys=tf([1,1],[1,2,5]);                %生成传递函数模型
lsim(sys,u,t);                        %系统对方波激励信号的响应
```

方波响应如图 7-8 所示。

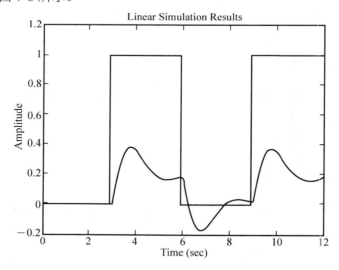

图 7-8　例题 7-6 方波响应

【例 7-7】阻尼系统对二阶系统阶跃响应的影响。

二阶系统的传递函数为 $H(s)=\dfrac{1}{s^2+2\xi\omega s+\omega^2}$，设固有频率 $\omega=6$，在阻尼系数 $\xi=$

[0.1,0.3,0.7,1.2]时，分别画出其阶跃响应函数。再将系统在条件 $T_s=0.1$ 下离散化，同样画阶跃响应函数曲线。

程序如下：

```
clear ,clf
wn=6;Ts=0.1;
for zeta=[0.1:0.3:1:2]
 [num,den]=ord2(6,zeta);
 s=tf(num,den);
 sd=c2d(s,Ts);
 figure(1),step(s,2),hold on
 figure(2),step(sd,2),hold on
end
hold off
```

二阶系统阶跃响应如图 7-9 所示。

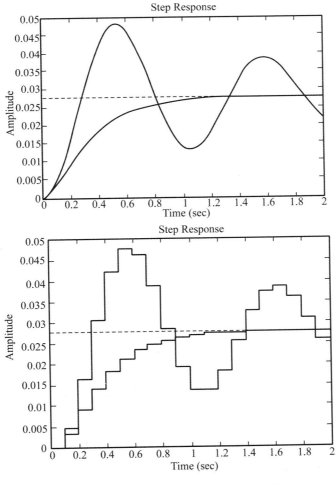

图 7-9　例题 7-7 二阶系统阶跃响应的影响

7.3 根轨迹设计方法

在控制系统分析中，为了避开直接求解高阶多项式的根时遇到的困难，在实践中提出了一种图解求根法，即根轨迹法。所谓根轨迹是指当系统的某一个(或几个)参数从一∞到十∞时，闭环特征方程的根在复平面上描绘的一些曲线。应用这些曲线，可以根据某个参数确定相应的特征根。在根轨迹法中，一般取系统的开环放大倍数 K 作为可变参数，利用它来反映出开环系统零极点与闭环系统极点(特征根)之间的关系。

根轨迹可以分析系统参数和结构已定的系统的时域响应特性，以及参数变化对时域响应特性的影响，而且还可以根据对时域响应特性的要求确定可变参数及调整开环系统零极点的位置，并改变它们的个数，也就是说根轨迹法可用于解决线性系统的分析与综合问题。MATLAB 提供了专门绘制根轨迹的函数命令，见表 7-6，使绘制根轨迹变得轻松自如。

表 7-6 系统根轨迹绘制及零点分析函数

函数名	功能	格式
pzmap	绘制系统的零极点图	pzmap(sys)
tzero	求系统的传输零点	z＝tzero(sys)
rlocfind	计算给定根轨迹增益	[K,poles]＝rlocfind(sys)
rlocus	求系统根轨迹	[K,poles]＝rlocus(sys)
damp	求系统极点的固有频率和阻尼系统	[Wn,Z]＝damp(sys)
ploe	求系统的极点	p＝pole(sys)
dcgain	求系统的直流(稳态)增益	k＝dcgain(sys)
dsort	离散系统极点按幅值降序排列	s＝dsort(p)
esort	连续系统极点按实部降序排列	s＝esort(p)

1. 自动控制原理中根轨迹的绘制规则

在控制系统的分析和综合中，往往只需要知道根轨迹的粗略形状。由相角条件和幅值条件所导出的 8 条规则，为粗略地绘制出根轨迹图提供方便的途径。

(1) 根轨迹的分支数等于开环传递函数极点的个数。

(2) 根轨迹的始点(相应于 $K=0$)为开环传递函数的极点，根轨迹的终点(相应于 $K=\infty$)为开环传递函数的有穷零点或无穷远零点。

(3) 根轨迹形状对称于坐标系的横轴(实轴)。

(4) 实轴上的根轨迹按下述方法确定：将开环传递函数位于实轴上的极点和零点由右至左顺序编号，在奇数点至偶数点间的线段为根轨迹。

(5) 实轴上两个开环极点或两个开环零点间的根轨迹段上，至少存在一个分离点或会合点，根轨迹将在这些点产生分岔。

(6) 在无穷远处根轨迹的走向可通过画出其渐近线来决定。渐近线的条数等于开环传递函数的极点数与零点数之差。

(7) 根轨迹沿始点的走向由出射角决定，根轨迹到达终点的走向由入射角决定。

(8) 根轨迹与虚轴(纵轴)的交点对分析系统的稳定性很重要，其位置和相应的 K 值可利用代数稳定判据来决定。

2. MATLAB 根轨迹设计方法

根轨迹设计方法是基于系统开环极点和零点与闭环极点和零点的内在联系建立的一种图解方法，是古典控制理论中对系统进行分析和综合的基本方法之一。由于根轨迹图直观地描述了系统特征方程的根在 s 平面上的分布，因此用根轨迹法分析自动控制系统十分方便。特别是对于高阶系统和多回路系统，应用根轨迹法比用其他方法更为方便，在工程实践中获得了广泛应用。

在 MATLAB 中对于控制系统的特征方程 $G(s)=0$ 实现根轨迹图调用函数如下。首先，求得开环传递函数 $H(s)$，然后利用 rlocus() 函数可绘制根轨迹。

具体程序如下：

```
S=tf('s');              %定义传递函数算子
G=H(s);
rlocus(G);
```

【例 7-8】闭环系统的特征方程为 $s(s+4)(s^2+4s+20)+K^*=0$，试绘制其根轨迹。

在 MATLAB 中输入：

```
Syms s
num=1;
den=sym2poly(expand(s*(s+4)*(s^2+4*s+20)));
rlocus(num,den)
```

根轨迹如图 7-10 所示。

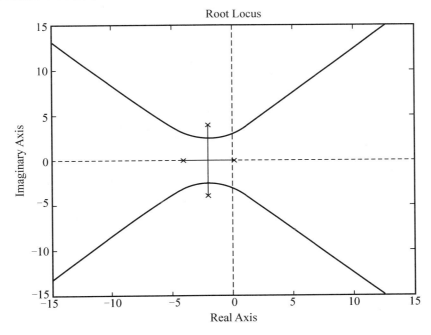

图 7-10　例题 7-8 MATLAB 绘制的系统的根轨迹

【**例 7-9**】连续系统传递函数为 $H(s)=\dfrac{2s^2+5s+1}{s^2+2s+3}$，试绘制其零极点图和根轨迹图。

程序如下：

```
num=[2,5,1]; den=[1,2,3];sys=tf(num,den);        %生成传递函数模型
figure(1); pzmap(sys);title('零极点图');          %绘制零极点图
figure(2); rlocus(sys); sgrid; title('根轨迹');   %绘制根轨迹图
```

零极点图及根轨迹图如图 7-11 所示。

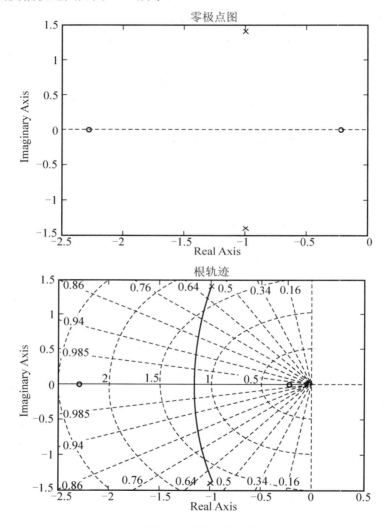

图 7-11　例题 7-9 零极点图和根轨迹图

3. MATLAB 在根轨迹设计法中的实例

【**例 7-10**】已知系统开环传递函数为 $G(s)=\dfrac{k(s+1)(s+3)}{s^3}$，试求下列各项。

(1) 画出系统的根轨迹。

(2) 计算使系统稳定的 k 值范围。

(3) 计算系统对于斜坡输入的稳态误差。

解：(1) 画根轨迹，如图 7-12 所示。

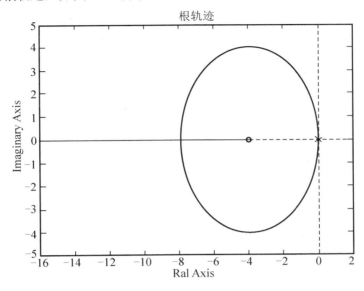

图 7-12　例 7-10 根轨迹图

(2) 由劳斯表可知当 $k > \dfrac{3}{4}$ 时，系统稳定。

(3) 系统含有 3 个积分环节，属Ⅲ型系统，Ⅲ型系统对于斜坡输入的稳态误差为零。

7.4　频率特性分析

前面介绍的时域分析方法是通过传递函数，用拉氏反变换解出输出量随时间变化规律的一种方法。此法虽较直观，但对于高阶系统，求解过程复杂，且当系统参数变化时，很难看出对系统动态性能的影响。

频率特性分析法(Frequency-Response Approach)是经典控制理论中研究与分析系统特性的另一种重要方法。该方法与时域分析法和根轨迹分析法不同，它不是通过系统的闭环极点和闭环零点来分析系统的时域性能，而是通过系统对正弦函数的稳态响应来分析系统性能的。它将传递函数从复域引到具有明确物理概念的频域来分析系统的特性。利用此方法，不必求解微分方程就可估算出系统的性能，可以简单、迅速地判断某些环节或参数对系统性能的影响，并能指明改进系统性能的方向。

介绍频率特性的极坐标图(Nyquist 图)和对数坐标图(Bode 图)是本章的重点。最后，本章将介绍系统的闭环频率特性及其特征量以及 MATLAB 在频率特性中的应用等内容。

1. 频率特性的极坐标图(Nyquist 图)

奈奎斯特图是对于一个连续时间的线性非时变系统，将其频率响应的增益及相位以极座标的方式绘出，常在控制系统或信号处理中使用，可以用来判断一个有回授的系统是否稳定，奈奎斯特图的命名来自贝尔实验室的电子工程师哈里·奈奎斯特。奈奎斯特图上每一点都对应一特定频率下的频率响应，该点相对于原点的角度表示相位，而和原点之间的距离表示增益，因此奈奎斯特图将振幅及相位的波德图综合在一张图中。一般的系统有低通滤波器的特性，高频时的频率响应会衰减，增益降低，因此在奈奎斯特图中会出现在较靠近原点的区域。其在 MATLAB 中的实现如下：

假定 *n* 为控制系统对应传递函数的分子的系数矩阵；*m* 为分母的系数矩阵。则可以直接调用函数 nyquist(*n*,*m*)，即可实现奈奎斯特图的绘制。

【例 7-11】绘制系统 $G(s)=\dfrac{2s^2+5s+1}{s^2+2s+3}$ 的奈奎斯特图。

程序如下：

```
num=[2,5,1];den=[1,2,3]
nyquist(num,den)
```

绘制的奈奎斯特图如图 7-13 所示。

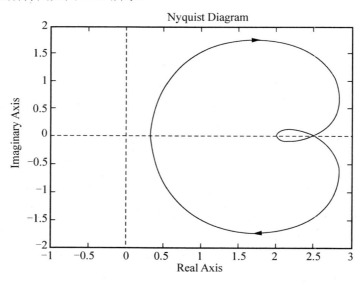

图 7-13　例 7-11 的奈奎斯特图

【例 7-12】已知开环系统 $H(s)=\dfrac{5}{(s+5)(s-5)}$ 绘制出系统的 Nyquist 曲线，并判别闭环系统的稳定性，最后求出闭环系统的单位冲击响应。

程序如下：

```
k=50;
```

```
z=[];
p=[-5,2];
sys=zpk(z,p,k);
figure(1);
nyquist(sys)
title('Nyquist Plot');
figure(2)
sb=feedback(sys,1);
impulse(sb)
title('mpulse Respone')
```

图形如图 7-14 所示。

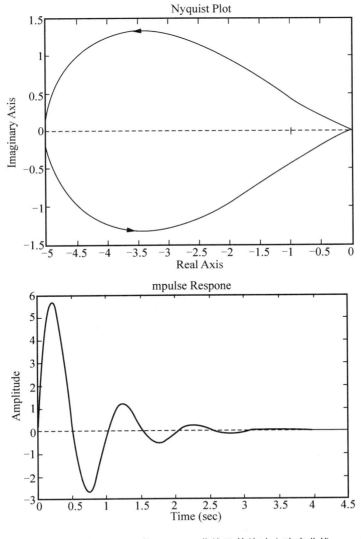

图 7-14　例题 7-12 的 Nyquist 曲线及单位冲击响应曲线

2. 对数坐标图(Bode 图)

波特图是线性非时变系统的传递函数对频率的半对数坐标图,其横轴频率以对数尺度(log scale)表示,利用波特图可以看出系统的频率响应。波特图一般由二张图组合而成,一张幅频图表示频率响应增益的分贝值对频率的变化,另一张相频图则是频率响应的相位对频率的变化。波特图可以用计算机软件(如 MATLAB)或仪器绘制,也可以自行绘制。利用波特图可以看出在不同频率下,系统增益的大小及相位,也可以看出大小及相位随频率变化的趋势。波特图的图形和系统的增益、极点、零点的个数及位置有关,只需知道相关的资料,配合简单的计算就可以画出近似的波特图,这是使用波特图的好处。

【例 7-13】已知二阶系统的传递函数为 $G(s) = \dfrac{1}{s^2 + 0.2s + 1}$,试绘制系统的波特图。

程序如下:

```
num=1;den=[1,0.2,1];
bode(num,den);grid
```

得到结果如图 7-15 所示。自动确定的频率范围是 0.1～10。

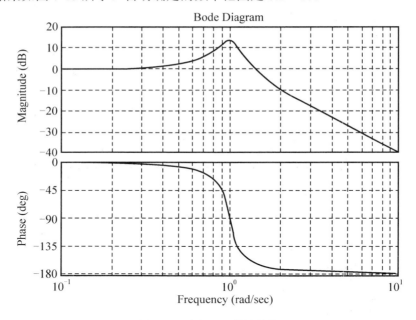

图 7-15 例 7-13 的波特图

频域分析函数见表 7-7。

表 7-7 频域分析函数

函数名	功能	格式
bode	Bode 图绘制	bode(sys)
nichols	Nichols 图绘制	nichols(sys)

函数名	功能	格式
nyquist	Nyquist 图绘制	Nyquist(sys)
sigma	系统奇异值 Bode 图绘制	Sigma(sys)
evalfr	计算系统单个复频率点的频率响应	fresp＝evalfr(sys,x)
dbode	绘制离散系统的 Bode 图	dbode(a,b,c,d,Ts,iu)
dnichols	绘制离散系统的 Nichols 图	dnichols(num,den,ts)
dnyquist	绘制离散系统的 Nyquist 图	dnyquist(num,den,ts)
ngrid	Nichols 网格图绘制	ngrid
margin	绘制离散系统的 Bode 图	[gm,pm,wcg,wcp]＝margin(sys)
freqresp	计算系统在给定实频率区间的频率响应	h＝freqresp(sys,w)

7.5　系统稳定性分析

稳定是控制系统的重要性能，也是系统能够工作的首要条件，因此，如何分析系统的稳定性并找出保证系统稳定的措施，便成为自动控制理论的一个基本任务。线性系统的稳定性取决于系统本身的结构和参数，而与输入无关。线性系统稳定的条件是其特征根均具有负实部。

在实际工程系统中，为避开对特征方程的直接求解，就只好讨论特征根的分布，即看其是否全部具有负实部，并以此来判别系统的稳定性，由此形成了一系列稳定性判据，其中最重要的一个判据就是 Routh 判据。Routh 判据给出线性系统稳定的充要条件是：系统特征方程式不缺项，且所有系数均为正，劳斯阵列中第一列所有元素均为正号，构造 Routh 表比用求根判断稳定性的方法简单许多，而且这些方法都已经过了数学上的证明，是完全有理论根据的，是实用性非常好的方法。

但是，随着计算机功能的进一步完善和 MATLAB 语言的出现，一般在工程实际当中已经不再采用这些方法了。本文就采用 MATLAB 对控制系统进行稳定性分析进行探讨。

7.5.1　系统稳定性分析的 MATLAB 实现

1. 直接判定法

根据稳定的充分必要条件判别线性系统的稳定性，最简单的方法是求出系统所有极点，并观察是否含有实部大于 0 的极点，如果有，系统则不稳定。然而实际的控制系统大部分都是高阶系统，这样就面临求解高次方程，求根工作量很大，但在 MATLAB 中只需分别调用函数 roots(den)或 eig(A)即可，这样就可以由得出的极点位置直接判定系统的稳定性。

【例 7-14】已知控制系统的传递函数为 $G(s)=\dfrac{s^3+7s^2+24s+24}{s^4+10s^3+35s^2+50s+24}$，试判定该系统的稳定性。

输入如下程序：

```
G=tf([1,7,24,24],[1,10,35,50,24]);
roots(G.den{1})
```

运行结果：ans =

```
            -4.0000
            -3.0000
            -2.0000
            -1.0000
```

由此可以判定该系统是稳定系统。

2. 用根轨迹法判断系统的稳定性

根轨迹法是一种求解闭环特征方程根的简便图解法，它是根据系统的开环传递函数极点、零点的分布和一些简单的规则，研究开环系统某一参数从零到无穷大时闭环系统极点在 s 平面的轨迹。控制工具箱中提供了 rlocus 函数来绘制系统的根轨迹，利用 rlocfind 函数，在图形窗口显示十字光标，可以求得特殊点对应的 K 值。

【例 7-15】已知一控制系统，$H(s)=1$，其开环传递函数为 $G(s)=\dfrac{K}{s(s+1)(s+2)}$，试绘制系统的轨迹图。

程序如下：

```
G=tf(1,[1 3 2 0]);
rlocus(G);
[k,p]=rlocfind(G)
```

根轨迹图如图 7-16 所示。

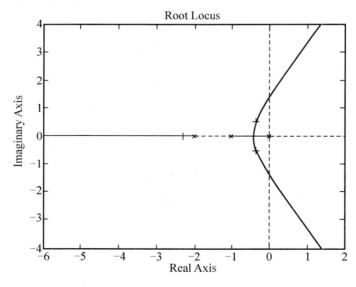

图 7-16　例 7-15 系统的根轨迹图

光标选定虚轴临界点，程序结果为

```
selected_point =
      0 - 0.0124i
  k =
    0.0248
  p =
    -2.0122
    -0.9751
    -0.0127
```

光标选定分离点，程序结果为

```
selected_point =
  -1.9905 - 0.0124i
  k =
    0.0308
  p =
    -2.0151
    -0.9692
    -0.0158
```

上述数据显示了增益及对应的闭环极点位置，由此可得出如下结论。

(1) $0 < K < 0.4$ 时，闭环系统具有不同的实数极点，表明系统处于过阻尼状态。

(2) $K = 0.4$ 时，对应为分离点，系统处于临界阻尼状态。

(3) $0.4 < K < 6$ 时，系统主导极点为共轭复数极，系统为欠阻尼状态。

(4) $K = 6$ 时，系统有一对虚根，系统处于临界稳定状态。

(5) $K > 6$ 时，系统的一对复根的实部为正，系统处于不稳定状态。

3. 用 Nyquist 曲线判断系统的稳定性

MATLAB 提供了函数 Nyquist 来绘制系统的 Nyquist 曲线，若例 7-16 系统中分别取 $K = 4$ 和 $K = 10$(图 7-17 为阶跃响应曲线)，通过 Nyquist 曲线判断系统的稳定性，程序如下：

```
num1=[4];num2=[10];
den1=[1,3,2,0];
gs1=tf(num1,den1);
gs2=tf(num2,den1);
hs=1;
gsys1=feedback(gs1,hs);
gsys2=feedback(gs2,hs);
t=[0:0.1:25];
figure(1);
subplot(2,2,1);step(gsys1,t)
subplot(2,2,3);step(gsys2,t)
subplot(2,2,2);nyquist(gs1)
subplot(2,2,4);nyquist(gs2)
```

奈氏稳定判据的内容是：若开环传递函数在 s 平半平面上有 P 个极点，则当系统角频率 X 由 $-\infty$ 变到 $+\infty$ 时，如果开环频率特性的轨迹在复平面上时针围绕 $(-1, j_0)$ 点转 P 圈，则闭环系统稳定；否则，是不稳定的。

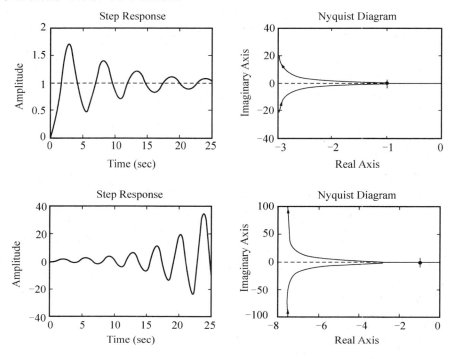

图 7-17　阶跃响应曲线

当 $k=4$ 时，从图 7-18 中 $K=4$ 可以看出，Nyquist 曲不包围 $(-1, j_0)$ 点，同时开环系统所有极点都位于平面左半平面，因此，根据奈氏判据判定以此构成的闭环系统是稳定的，这一点也可以从图 7-17 中 $K=4$ 系统单位阶跃响应得到证实，从图 7-17 中 $K=4$ 可以看出系统约 23s 后就渐渐趋于稳定。当 $K=10$ 时，从图 7-18 中 $K=10$ 可以看出，Nyquist 曲线按逆时针包围 $(-1, j_0)$ 点 2 圈，但此时 $P=0$，所以据奈氏判据判定以此构成的闭环系统是不稳定的，图 7-17 中 $K=10$ 的系统阶跃响应曲线也证实了这一点，系统振荡不定。

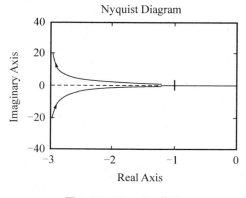

图 7-18　Nyquist 曲线

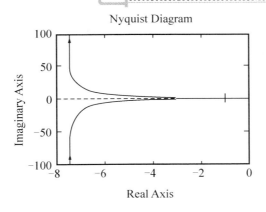

图 7-18　Nyquist 曲线(续)

4. Bode 图法判断系统的稳定性

Bode 判据实质上是 Nyquist 判据的引申。本开环系统是最小相位系统，即 $P=0$，用 Xc 表示对数幅频特性曲线与横轴(0dB)交点的频率，Xg 表示对数相频特性曲线与横轴($-180°$)交点的频率，则对数判据可表述如下。

在 $P=0$ 时，若开环对数幅频特性比其对数相频特性先交于横轴，即 $Xc<Xg$，则闭环系统稳定；若开环对数幅频特性比其对数相频特性后交于横轴，即 $Xc>Xg$，则闭环系统不稳定；若 $Xc=Xg$，则闭环系统临界稳定。针对例 7-16 利用 MATLAB 生成 Bode 图的程序如下。

```
num1=[4];num2=[10];
den1=[1,3,2,0];
gs1=tf(num1,den1);
gs2=tf(num2,den1);
hs=1;
gsys1=feedback(gs1,hs);
gsys2=feedback(gs2,hs);
t=[0:0.1:25];
figure(1);
subplot(1,1,1);bode(gs1)
```

$K=4$ 时开环系统的 Bode 图如图 7-19 所示。

由图 7-19 开环系统的 Bode 图可知，$Xc<Xg$，故当 $K=4$ 时，闭环系统必然稳定。实际上，系统的控制 Bode 图还可用于系统相对稳定性的分析。

5. 利用系统特征方程的根判别系统稳定性

设系统特征方程为 $s^5+s^4+2s^3+2s^2+3s+5=0$，计算特征根并判别该系统的稳定性。在 Command Window 窗口输入下列程序，记录输出结果。

```
>> p=[1 1 2 2 3 5];
>> roots(p)
```

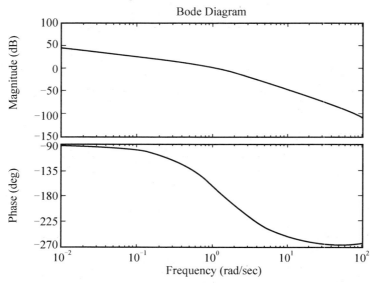

图 7-19　*K*＝4 时开环系统的 Bode 图

7.5.2　用根轨迹法判别系统稳定性

对给定的系统的开环传递函数进行仿真。

(1) 某系统的开环传递函数为 $G(s)=\dfrac{0.25s+1}{s(0.5s+1)}$，在 Command Window 窗口中输入程序，记录系统闭环零极点图及零极点数据，判断该闭环系统是否稳定。

```
>> clear
>> n1=[0.25 1];
>> d1=[0.5 1 0];
>> s1=tf(n1,d1);
>> sys=feedback(s1,1);
>> P=sys.den{1};p=roots(P)
>> pzmap(sys)
>> [p,z]=pzmap(sys)
```

(2) 某系统的开环传递函数为 $G(s)=\dfrac{K}{s(s+1)(0.5s+1)}$，在 Command Window 窗口中输入程序，记录系统开环根轨迹图、系统开环增益及极点，确定系统稳定时 K 的取值范围。

```
>> clear
>> n=[1];d=conv([1 1 0],[0.5 1]);
>> sys=tf(n,d);
>> rlocus(sys)
>> [k,poles]=rlocfind(sys)
```

7.5.3　频率法判别系统稳定性

对给定的系统的开环传递函数进行仿真。

(1) 已知系统开环传递函数为 $G(s)=\dfrac{75(0.2+1)}{s(s^2+16s+100)}$，在 Command Window 窗口中输入程序，用 Bode 图法判别稳定性，记录运行结果，并用相应阶跃曲线验证(记录相应曲线)。

① 绘制开环系统 Bode 图，记录数据。

```
>> num=75*[0 0 0.2 1];
>> den=conv([1 0],[1 16 100]);
>> sys=tf(num,den);
>> [Gm,Pm,Wcg,Wcp]=margin(sys)
>> margin(sys)
```

② 绘制系统阶跃响应曲线，证明系统的稳定性。

```
>> num=75*[0 0 0.2 1];
>> den=conv([1 0],[1 16 100]);
>> s=tf(num,den);
>> sys=feedback(s,1);
>> t=0:0.01:30;
>> step(sys,t)
```

(2) 已知系统开环传递函数为 $G(s)=\dfrac{10000}{s(s^2+5s+100)}$，在 Command Window 窗口中输入程序，用 Nyquist 图法判别稳定性，记录运行结果，并用相应阶跃曲线验证(记录相应曲线)。

① 绘制 Nyquist 图，判断系统稳定性。

```
>> clear
>> num=[10000];
>> den=[1 5 100 0];
>> GH=tf(num,den);
>> nyquist(GH)
```

② 用阶跃响应曲线验证系统的稳定性。

```
>> num=[10000];
>>den=[1 5 100 0];
>> s=tf(num,den);
>> sys=feedback(s,1);
>> t=0:0.01:0.6;
>> step(sys,t)
```

7.5.4　其他函数用法

(1) tf 用法：G＝tf([2 1],[1 2 2])或用以下两种形式。

```
s=tf('s') ;                        %定义 s 为传递函数拉普拉斯算子
G=(2s+1)/(s^2+2s+2);               %定义传递函数
```

其实生成的传递函数可以任意计算。

```
set(G)可以得到传递函数对象的属性,可以修改或预设其属性,例如下面几种用法。
G=tf([2 1],[1 2 2],'variable','p');        %修改使用的变量
G=tf([2 1],[1 2 2],'inputdelay',0.25);     %设置输入延迟,即G=exp(-0.25s)
(2s+1)/(s^2+2s+2)
G=tf([1 3 2],[1 5 7 3],0.1);               %设置离散情况的采样周期
```

(2) tfdata：获得 tf 模型传递函数的参数。

对于 SISO 系统：

```
G=tf([2 1],[1 2 2]);
[num,den]=tfdata(G,'v');
```

对于离散系统：

```
[num,den,Ts]=tfdata(G);
```

其实要得到系统的参数，可以直接引用传递函数的属性，如 G.den 等。

(3) zpk：生成零极点增益传递函数模型或转换成零极点模型。

```
G=zpk([-1,-3],[0,-2,-5],10);
```

可以用于转化。

```
G=tf([-10 20 0],[1 7 20 28 19 5])
sys=zpk(G);
```

(4) zpkdata：获取零极点增益模型的参数，其格式为

```
[z ,p ,k]=zpkdata(G,'v');
```

(5) filt()：生成 DSP 形式的离散传递函数。例如，生成采样时间为 0.5 的 DSP 形式传递函数 $\dfrac{2+z^{-1}}{1+0.4z^{-1}+2z^{-2}}$，程序如下：

```
H=filt([2 1],[1 0.4 2],0.5)%求闭环传函
[num1,den1]=series([1],[1 1],[1 0],[1 0 2]);
[num2,den2]=feedback([1],[1 0 0],[50],[1]);
[num3,den3]=series(num1,den1,num2,den2);
[num,den]=feedback(num3,den3,[1 0 2],[1 0 0 14]);
sys=tf(num,den)
r=roots(den)
n=length(r);
```

```
for i=1:n
    if real(r(i))>0                    %有的根实部大于 0,系统不稳定
        disp('Bu wen ding!');
    end
    break;
end
disp('wen ding!');                     %所有的根实部小于等于 0,系统稳定
```

7.6　系统的设计与校正

给定的系统开环函数 $G_0(s) = \dfrac{K}{s(1+0.1s)(1+0.3s)}$ 为 I 型系统，其静态速度误差系数 $K_v = K$，求取校正后系统的静态速度误差系数，试取 $K = 6$。在 MATLAB 中模拟出 Bode 图、阶跃响应曲线、Nyquist 图。

程序如下：

```
%=========校正前系统
======================================================

clc
clear
k=6;                                   %静态速度误差系数
num1=1;
den1=conv(conv([1 0],[0.1 1]),[0.3 1]); %传递函数
[mag,phase,w]=bode(k*num1,den1);        %绘制
figure(1);
%从频率响应数据中计算出幅值裕度、相角裕度以及对应的频率
margin(mag,phase,w);
hold on;
%======================================================
======
figure(2)
s1=tf(k*num1,den1);                    %构造传递函数
sys=feedback(s1,1);
step(sys);                             %求阶跃响应
%======================================================
======
figure(3);
sys1=s1/(1+s1)
nyquist(sys1);
grid on;                               %绘制奈圭斯特曲线
%======================================================
======
```

校正前 Bode 图如图 7-20 所示。

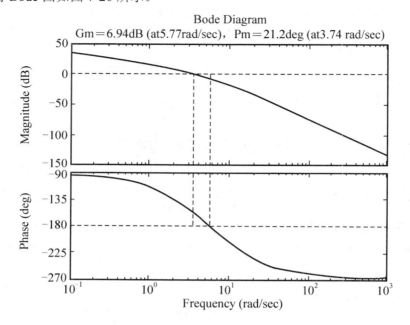

图 7-20　开环系统超前校正前 Bode 图

由校正前 Bode 图可以得出其剪切频率为 3.74，可以求出其相角裕度为

$$\gamma_0 = 180° - 90° - \arctan \omega_c = 21.2037°$$

校正前阶跃响应曲线如图 7-21 所示。

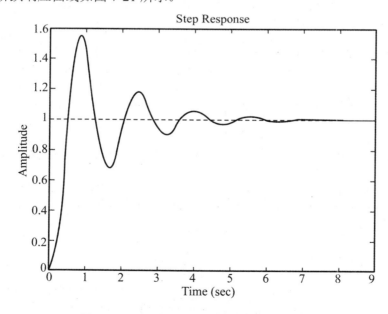

图 7-21　开环系统超前校正前阶跃响应曲线

校正前 Nyquist 图如图 7-22 所示。

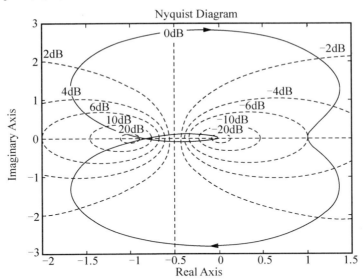

图 7-22　开环系统超前校正前 Nyquist 图

确定超前校正函数，即确定超前网络参数 a 和 T。确定该参数的关键是求超前网络的截止频率频率 ω_c，有以下公式。

$-L_0(\omega_c) = L_c(\omega_m) = 10\lg a$ ；

$T = \dfrac{1}{\omega_m \sqrt{a}}$ ；

$\varphi_m = \arcsin\dfrac{a-1}{a+1}$ ；

由以上 3 个公式可得出关于 a 和 ω_c 的方程组如下

$$10\lg a = -20\lg \frac{6}{(\mathrm{j}\omega_c)(0.1\mathrm{j}\omega_c+1)(0.3\mathrm{j}\omega_c+1)}$$

$$\arcsin\frac{a-1}{a+1}+90° - \arctan(0.1\omega_c) - \arctan(0.3\omega_c) = 45°$$

用 MATLAB 解方程组程序如下：

```
[a w]=solve...
    ('10*log10(a)=20*log10(w*sqrt((0.1*w)^2+1)*sqrt((0.3*w)^2+1))
-20*log10(6)',...
    'asin((a-1)/(a+1))+pi/2-atan(0.1*w)-atan(0.3*w)=pi/4',...
    'a,w')
```

结果如下：

```
a =
```

```
7.73707639666971637649740767579051
157.2440098908814005234782336464624


w =

6.44473865299114603911766608306442
12.34510962899573182510092360350
```

取计算结果小数点后 6 位有效数字得

$$a = 7.737076$$
$$\omega_c = 6.444739 \text{ rad/s}$$

得出

$$T = 0.05578\text{s}$$

所以超前网络传递函数可确定为

$$G_c(s) = \frac{1 + aTs}{1 + Ts} = \frac{1 + 0.4316s}{1 + 0.05578s}$$

超前网络参数确定后，已校正系统的开环传递函数可写为

$$G_c(s)G_0(s) = \frac{6(1 + 0.4316s)}{s(1 + 0.1s)(1 + 0.3s)(1 + 0.0558s)}$$

程序如下：

```
%======校正后系统
clc
clear
k=6;
num1=1;
den1=conv(conv([1 0],[0.1 1]),[0.3 1]);
s1=tf(k* num1,den1);              %构建传递函数
num2=[0.4316 1];den2=[0.05578 1];  %填写分子分母
s2=tf(num2,den2);                 %构建校正传递函数
sope=s1*s2;
figure(1);
[mag,phase,w]=bode(sope);
margin(mag,phase,w);             %Bode 图以及数据的显示
%======
figure(2)
sys=feedback(sope,1);
step(sys);                       %阶跃响应曲线的描绘
%======
figure(3);
s3=sope/(1+sope);
```

```
nyquist(s3);
grid on;                              %绘制奈圭斯特曲线
%======
```

校正后 Bode 图如图 7-23 所示。

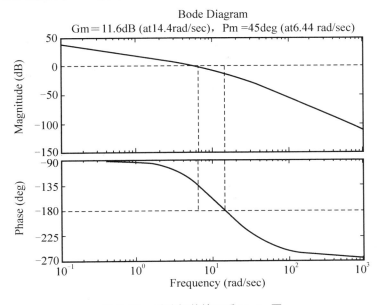

图 7-23　系统超前校正后 Bode 图

由图 7-23 可以看出，校正后的系统相角裕量等于 45°，所以符合设计要求。

校正后阶跃响应曲线及 Nyquist 图如图 7-24 及图 7-25 所示。

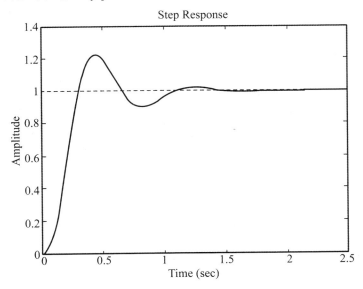

图 7-24　系统超前校正后阶跃响应曲线

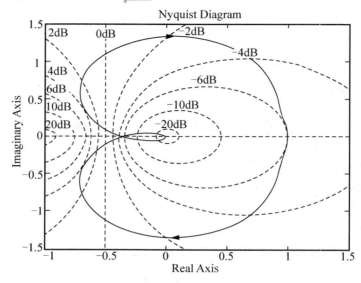

图 7-25   系统超前校正后 Nyquist 图

 导入案例

直流电机

本案例的研究目的是以 MATLAB 为工具，对图 7-26 所示的它激式直流电动机分别采用前馈校正、反馈校正和 LQR 校正等 3 种方法来改善负载力矩扰动对电动机转动速度的影响。

图 7-26 中，R_a 和 L_a 分别为电枢回路电阻和电感，J_a 为机械旋转部分的转动惯量，f 为旋转部分的黏性摩擦系数，$u_a(t)$ 为电枢电压，$\omega(t)$ 为电动机转动速度，$i_a(t)$ 为电枢回路电流。通过调节电枢电压 $u_a(t)$，控制电动机的转动速度 $\omega(t)$。电动机负载变化为电动机转动速度的扰动因素，用负载力矩 $M_d(t)$ 表示。

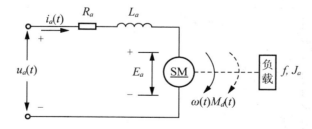

图 7-26   它激式直流电动机

直流电动机的数学模型：根据直流电动机的工作原理及基尔霍夫定律，直流电动机有四大平衡方程。

(1) 电枢回路电压平衡方程为

$$L_a \frac{\mathrm{d}i_a(t)}{\mathrm{d}t} + R_a i_a(t) + E_a = u_a(t)$$

式中，E_a 为电动机的反电势。

(2) 电磁转矩方程为

$$M_m(t) = K_a i_a(t)$$

式中，$M_m(t)$ 为电枢电流产生的电磁转矩，K_a 为电动机转矩系数。

(3) 转矩平衡方程为

$$J_a \frac{\mathrm{d}\omega(t)}{\mathrm{d}t} + f\omega(t) = M_m(t) + M_d(t)$$

式中，$M_m(t)$ 为电枢电流产生的电磁转矩，K_a 为电动机转矩系数。

(4) 由电磁感应关系得

$$E_a = K_b \omega(t)$$

式中，K_b 为反电势系数。

选取电动机各参数分别为 $R_a = 2.0\Omega$，$L_a = 0.5\,H$，$K_a = 0.015$，$K_b = 0.015$，$f = 0.2\text{Nms}$，$J_a = 0.02\text{kg} \cdot \text{m}^2$。分别以电动机电枢电压 $u_a(t)$ 和负载力矩 $M_d(t)$ 为输入变量，以电动机的转动速度 $\omega(t)$ 为输出变量，在 MATLAB 中建立电动机的数学模型。

在 MATLAB 命令窗口中输入：

```
>> Ra=2;La=0.5;Ka=0.1;
>> Kb=0.1;f=0.2;Ja=0.02;
>> G1=tf(Ka, [La Ra]);
>> G2=tf(1, [Ja f]);
>>dcm=ss(G2)*[G1,1];
    %uₐ(t)和Md(t)至ω(t)前向通路传递函数
>> dcm=feedback(dcm,Kb,1,1);%闭环系统数学模型
>> dcm1=tf(dcm)
```

运行结果为

```
Transfer function from input 1 to output:
      10
   -------------
   s^2 + 14 s + 41

Transfer function from input 2 to output:
    50 s + 200
   -------------
   s^2 + 14 s + 41
```

即电动机的传递函数分别为

$$\frac{\Omega(s)}{u_a(s)} = \frac{10}{s^2 + 14s + 43}$$

$$\frac{\Omega(s)}{M_d(s)} = \frac{50s+200}{s^2+14s+43}$$

可见，直流电动机的传递函数为二阶系统数学模型形式。

知识拓展

根轨迹设计法

基于根轨迹的系统设计通常有增益设计法和补偿设计法。

1. 增益设计法

增益设计法是根据系统的性能指针，确定希望死循环的极点位置，然后求出对应的开环增益 K。该设计法利用 MATLAB 控制工具箱函数很容易实现。对于二阶系统，根据性能指针选择希望极点位置有成熟理论依据。对于高阶系统，期望极点必须是系统的一对共轭的主导极点，若系统不存在这样的主导极点，增益设计法不能被简单地应用。

根轨迹设计法程序举例：已知单位回馈系统的开环传递函数为 $G(s) = \dfrac{K}{s(s+3)(s^2+2s+2)}$，求阻尼比 $\zeta = 0.5$ 时系统的极点和对应的开环增益 K 值。

MATLAB 程序如下：

```
sys=zpk([],[0 -3 -1+i -1-i],1);
rlocus(sys);
sgrid;
[gain,poles]=rlocfind(sys)
```

运行结果：

```
Select a point in the graphics window
selected_point =-0.8341 + 0.4444i
gain =1.7616
poles =-2.8623
      -0.7146 + 0.5983i
      -0.7146 - 0.5983i
      -0.7086
```

2. 补偿设计法

实际上，许多系统单用改变系统增益的办法是不能获得理想的性能指针的，必须在原系统中增加校正环节使死循环根轨迹满足性能指针的要求，这就是补偿设计法。众所周知，校正环节通常有串联校正和并联校正两种。串联校正装置又分为超前校正装置、滞后校正装置和滞后-超前校正装置。并联校正装置常用回馈校正。

最简单的串联校正装置的传递函数为 $G_c(s) = K_c \dfrac{s+a}{s+b}$，其中 a、b 均大于 0。若 $a < b$，

$G_c(s)$ 为超前校正装置；若 $a>b$，$G_c(s)$ 为滞后校正装置；将两装置串联起来就得到滞后-超前校正装置。

补偿设计法就是根据系统的性能指针确定校正装置参数，即 K_c、a、b。根轨迹补偿设计方法是通过补偿装置的零点和极点的引入改变系统根轨迹的形状，使根轨迹通过 s 平面所期望的点。

3. 用根轨迹法设计校正装置的步骤

(1) 根据系统性能指针，确定期望死循环主导极点 S_d 的位置。

(2) 确定校正装置零极点的位置，写出校正装置传递函数，通用格式为

$$G_c(s)=K_c\frac{s+Z_c}{s+P_c}$$

Z_c 和 P_c 的确定方法应根据所选用的校正装置类型采用相应的方法。

(3) 绘制根轨迹图，确定 K_c 的值。

(4) 验算主导极点位置和校正后的系统性能。

习　题　七

1. 已知某典型二阶系统的传递函数为 $G(s)=\dfrac{\omega_n^2}{s^2+2\xi\omega_n s+\omega_n^2}$，$\xi=0.6$，$\omega_n=5$，求系统的阶跃响应曲线。(要求用 MATLAB 实现)

参考答案

```
clc
clear
close
%系统传递函数描述
wn=5;
alf=0.6;
num=wn^2;
den=[1 2*alf*wn wn^2];
%绘制闭环系统的阶跃响应曲线
t=0:0.02:5;
y=step(num,den,t);
plot(t,y)
title('two orders linear system step responce')
xlabel('time-sec')
ylabel('y(t)')
grid on
```

响应曲线如图 7-27 所示。

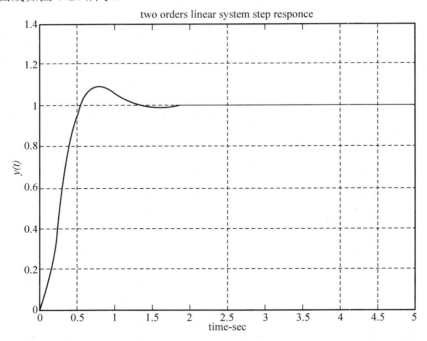

图 7-27　第 1 题响应曲线

2．已知系统的开环传递函数为 $G(s) = \dfrac{20}{s^4 + 8s^3 + 36s^2 + 40s}$，求系统在单位负反馈下的阶跃响应曲线。

参考答案

```
clc
clear
close all
%开环传递函数描述
unm=[20];
den=[1 8 36 40 0];
%求闭环传递函数
[numc,denc]=cloop(num,den);
%绘制闭环系统的阶跃响应曲线
t=0:0.1:10;
y=step(numc,denc,t);
[y1,x1,t1]=step(numc,denc);
%对于传递函数调用,状态变量 x 返回为空矩阵
plot(t,y,'r:',t1,y1)
title('the step responce')
xlabel('time-sec')
%求稳态值
disp('系统稳态值 dc 为:')
dc=dcgain(numc,denc)
```

响应曲线如图 7-28 所示。

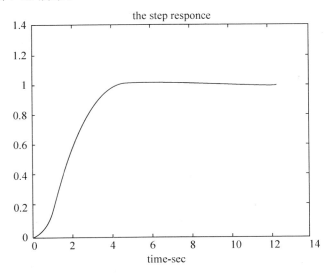

图 7-28　第 2 题响应曲线

实验七　在控制系统中 MATLAB 的应用

实验目的:

1. 掌握运用 MATLAB 绘制根轨迹的方法。
2. 掌握运用 MATLAB 求解控制系统稳定性的方法。
3. 能用 MATLAB 对控制系统进行时域和复频域分析。

实验要求:

1. 通过实验对 MATLAB 在控制系统的应用有一个初步的了解。
2. 能熟练地运用 MATLAB 求解各种控制系统中的问题。
3. 能运用 MATLAB 对控制系统进行分析。

实验内容:

1. 已知一控制系统 $H(s)=1$，其开环传递函数为 $G(s)=\dfrac{K}{s(s+1)(s+2)}$，绘制系统的轨

迹图。

程序如下:

```
G=tf(1,[1 3 2 0]);
rlocus(G);
[k,p]=rlocfind(G)
```

根轨迹图如图 SY7-1 所示。

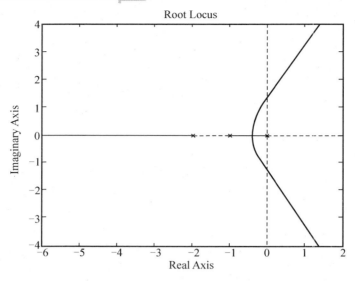

图 SY7-1　系统的根轨迹图

2. 运用波特图判定系统的稳定性。已知系统函数：$H(s)=\dfrac{30}{s^2+31s+30}$，试用 MATLAB 绘制波特图并判断系统稳定与否？

程序如下：

```
sys=tf(30,[1,31,30]);
bode(sys);
grid on
```

系统的 Bode 图如图 SY7-2 所示。

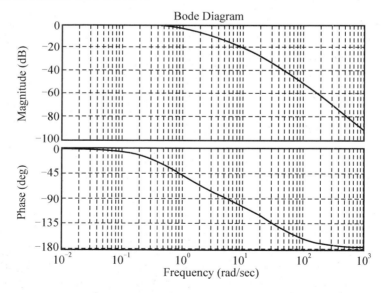

图 SY7-2　系统的 Bode 图

第 8 章

MATLAB 图形句柄

前面介绍了很多 MATLAB 高层绘图函数，这些函数都是将不同的曲线或曲面绘制在图形窗口中，而图形窗口也就是由不同图形或对象组成的图形界面。MATLAB 给每个图形对象分配一个标识符，称为句柄。通过该句柄对图形对象的属性进行设置，也可以获得有关属性，从而可以更加自主地绘制各种图形。

教学要求：要求学生掌握图形对象的创建及其相关操作。

学习目标

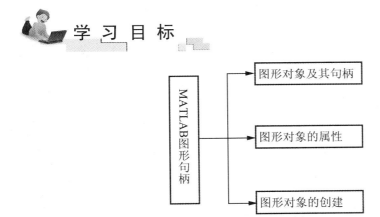

8.1 图形对象及其句柄

1. 图形对象

MATLAB 把用于数据可视化界面制作的基本绘图要素称为句柄图形对象(Handle Graphics Object)，它是图形系统中最基本、最底层的单元，每个图形对象都可以被独立地操作。

MATLAB 的图形对象包括计算机屏幕、图形窗口、坐标轴、用户菜单、用户控件、曲线、曲面、文字、图像、光源、区域块和方框等。系统将每一个对象按树型结构组织起来。每个具体图形不必包括全部对象，但是每个图形必须具备根屏幕和图形框。

2. 图形对象句柄

MATLAB 在创建每一个图形对象时，都为该对象分配唯一的一个值，称其为图形对象句柄(Handle)。句柄是图形对象的唯一标识符，不同对象的句柄不可能重复和混淆。

计算机屏幕作为根对象由系统自动建立，其句柄值为 0，而图形窗口对象的句柄值为一个正整数，并显示在该窗口的标题栏，其他图形对象的句柄为浮点数。MATLAB 提供了若干个函数用于获取已有图形对象的句柄。

【例 8-1】绘制曲线并查看有关对象的句柄。

程序如下：

```
x=linspace(0,2*pi,30);
y=sin(x);
h0=plot(x,y,'rx')
h1=gcf
h2=gca
h3=findobj(gca,'Marker','x')
```

对象句柄正弦图如图 8-1 所示。

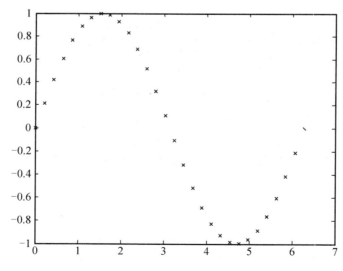

图 8-1　例 8-1 对象句柄正弦图

8.2　图形对象属性

1. 属性名与属性值

MATLAB 给每种对象的每一个属性规定了一个名字，称为属性名，而属性名的取值称为属性值。

2. 属性的操作

set 函数的调用格式为

```
set(句柄,属性名1,属性值1,属性名2,属性值2,…)
```

其中，句柄用于指明要操作的图形对象。如果在调用 set 函数时省略全部属性名和属性值，则将显示出句柄所有的允许属性。

get 函数的调用格式为

```
V=get(句柄,属性名)
```

其中，V 是返回的属性值。如果在调用 get 函数时省略属性名，则将返回句柄所有的属性值。

3. 对象的公共属性

对象常用的公共属性：Children 属性、Parent 属性、Tag 属性、Type 属性、UserData 属性、Visible 属性、ButtonDownFcn 属性、CreateFcn 属性、DeleteFcn 属性。

【例 8-2】 在同一坐标下绘制红、绿两根不同曲线，希望获得绿色曲线的句柄，并对其进行设置。

程序如下：

```
x=0:pi/50:2*pi;
y=sin(x);
z=cos(x);
plot(x,y,'r',x,z,'g');
Hl=get(gca,'Children');
for k=1:size(Hl)
  if get(Hl(k),'Color')==[0 1 0]
      Hlg=Hl(k);
  end
end
pause
set(Hlg, 'LineStyle',':', 'Marker','p');
```

句柄设置结果图如图 8-2 所示。

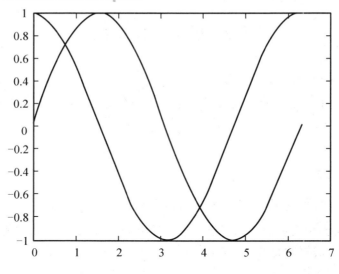

图 8-2　例 8-2 句柄设置结果图

8.3　图形对象的创建

1. 图形窗口对象

建立图形窗口对象使用 figure 函数，其调用格式为

> 句柄变量=figure(属性名1,属性值1,属性名2,属性值2,…)

MATLAB 通过对属性的操作来改变图形窗口的形式，也可以使用 figure 函数按 MATLAB 缺省的属性值建立图形窗口，其调用格式为

> figure

或

> 句柄变量=figure

要关闭图形窗口，使用 close 函数，其调用格式为

> close(窗口句柄)

另外, close all 命令可以关闭所有的图形窗口, clf 命令则是清除当前图形窗口的内容, 但不关闭窗口。

MATLAB 为每个图形窗口提供了很多属性。这些属性及其取值控制着图形窗口对象。除公共属性外，其他常用属性如下：MenuBar 属性、Name 属性、NumberTitle 属性、Resize 属性、Position 属性、Units 属性、Color 属性、Pointer 属性、KeyPressFcn(按键盘键响应)、WindowButtonDownFcn(单击鼠标键响应)、WindowButtonMotionFcn(鼠标移动响应)及 WindowButtonUpFcn(鼠标键释放响应)等。

【例 8-3】建立一个图形窗口。该图形窗口没有菜单条，标题名称为"我的图形窗口"，

起始于屏幕左下角，宽度和高度分别为 450 像素点和 250 像素点，背景颜色为绿色，且当用户从键盘按任意一个键时，将在该图形窗口绘制出正弦曲线。

程序如下：

```
x=linspace(0,2*pi,60);
y=sin(x);
hf=figure('Color',[0,1,0],'Position',[1,1,450,250],…
        'Name', '我的图形窗口','NumberTitle','off','MenuBar','none',…
        'KeyPressFcn', 'plot(x,y),;axis([0,2*pi,-1,1]);');
```

图形窗口句柄属性修改图如图 8-3 所示。

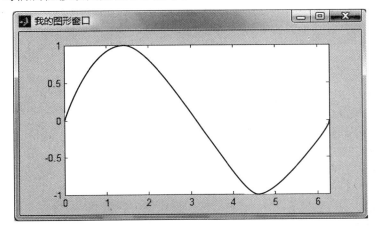

图 8-3　例 8-3 图形窗口句柄属性修改图

2．坐标轴对象

建立坐标轴对象使用 axes 函数，其调用格式为

句柄变量=axes(属性名 1,属性值 1,属性名 2,属性值 2,…)

调用 axes 函数用指定的属性在当前图形窗口创建坐标轴，并将其句柄赋给左边的句柄变量。也可以使用 axes 函数按 MATLAB 缺省的属性值在当前图形窗口创建坐标轴，其调用格式为

axes

或

句柄变量= axes

用 axes 函数建立坐标轴之后，还可以调用 axes 函数将之设定为当前坐标轴，且坐标轴所在的图形窗口自动成为当前图形窗口，其调用格式为

axes(坐标轴句柄)

MATLAB 为每个坐标轴对象提供了很多属性。除公共属性外，其他常用属性有 Box

属性、GridLineStyle 属性、Position 属性、Units 属性、Title 属性等。

【例 8-4】利用坐标轴对象实现图形窗口的任意分割。利用 axes 函数可以在不影响图形窗口上其他坐标轴的前提下建立一个新的坐标轴，从而实现图形窗口的任意分割。

程序如下：

```
clf;
x=linspace(0,2*pi,20);
y=sin(x);
axes('Position',[0.1,0.2,0.2,0.7],'GridLineStyle','-.');
plot(y,x);
grid on
axes('Position',[0.4,0.1,0.5,0.5]);
t=0:pi/100:20*pi;
x=sin(t);
y=cos(t);
z=t.*sin(t).*cos(t);
plot3(x,y,z);
axes('Position',[0.5,0.6,0.25,0.3]);
[x,y]=meshgrid(-8:0.5:8);
z=sin(sqrt(x.^2+y.^2))./sqrt(x.^2+y.^2+eps);
mesh(x,y,z);
grid on;
```

坐标轴对象的窗口分割如图 8-4 所示。

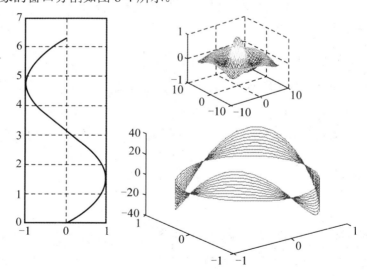

图 8-4　例 8-4 坐标轴对象的窗口分割实现

3. 曲线对象

建立曲线对象使用 line 函数，其调用格式为句柄变量=line(x,y,z,属性名 1,属性值 1,属性名 2,属性值 2,…)

其中，对 x、y、z 的解释与高层曲线函数 plot 和 plot3 等一样，其余的解释与前面介绍过的 figure 和 axes 函数类似。

每个曲线对象也具有很多属性。除公共属性外，其他常用属性有 Color 属性、LineStyle 属性、LineWidth 属性、Marker 属性、MarkerSize 属性等。

【例 8-5】利用曲线对象绘制曲线。

程序如下：

```
t=0:pi/20:2*pi;
y1=sin(t);
y2=cos(t);
figh=figure('Position',[30,100,800,350]);
axes('GridLineStyle','-.','XLim',[0,2*pi],'YLim',[-1,1]);
line('XData',t,'YData',y1,'LineWidth',5);
line(t,y2);
grid on
```

曲线句柄设置图如图 8-5 所示。

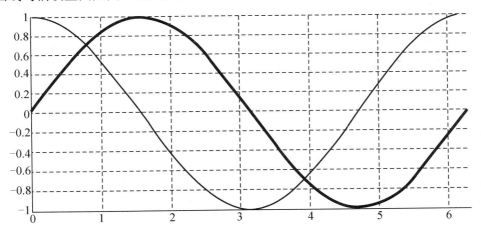

图 8-5　例 8-5 曲线句柄设置图

4. 文字对象

使用 text 函数可以根据指定位置和属性值添加文字说明，并保存句柄。该函数的调用格式为

句柄变量=text(x,y,z,'说明文字',属性名 1,属性值 1,属性名 2,属性值 2,…)

其中，说明文字中除使用标准的 ASCII 字符外，还可使用 LaTeX 格式的控制字符。

除公共属性外，文字对象的其他常用属性如下：Color 属性、String 属性、Interpreter 属性、FontSize 属性、Rotation 属性。

【例8-6】利用曲线对象绘制曲线并利用文字对象完成标注。

程序如下：

```
x=-pi:.1:pi;
y=sin(x);
y1=sin(x);
y2=cos(x);
h=line(x,y1,'LineStyle',':','Color','g');
line(x,y2,'LineStyle','--','Color','b');
xlabel('-\pi \leq \Theta \leq \pi')
ylabel('sin(\Theta)')
title('Plot of sin(\Theta)')
text(-pi/4,sin(-pi/4),'\leftarrow sin(-\pi\div4)','FontSize',12)
set(h,'Color','r','LineWidth',2)
```

绘图如图 8-6 所示。

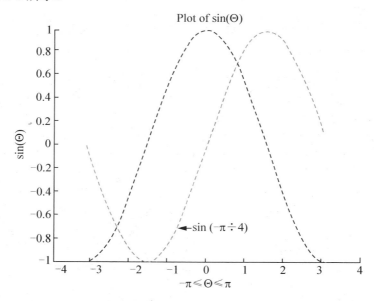

图 8-6　例 8-6 曲线对象句柄绘制曲线并标注图

5. 曲面对象

建立曲面对象使用 surface 函数，其调用格式为

句柄变量=surface(x,y,z,属性名1,属性值1,属性名2,属性值2,…)

其中，对 x、y、z 的解释与高层曲面函数 mesh 和 surf 等一样，其余的解释与前面介绍过的 figure 和 axes 等函数类似。

每个曲面对象也具有很多属性。除公共属性外，其他常用属性有 EdgeColor 属性、FaceColor 属性、LineStyle 属性、LineWidth 属性、Marker 属性、MarkerSize 属性等。

【**例 8-7**】利用曲面对象绘制三维曲面 $z = \sin(x)$。

程序如下：

```
x=linspace(0,4*pi,100);
[x,y]=meshgrid(x);
z=sin(x);
axes('view',[-37.5,30]);
hs=surface(x,y,z,'FaceColor','w','EdgeColor','flat');
grid on;
set(get(gca,'XLabel'),'String','X-axis');
set(get(gca,'YLabel'),'String','Y-axis');
set(get(gca,'ZLabel'),'String','Z-axis');
title('mesh-surf');
pause
set(hs,'FaceColor','flat');
```

绘图如图 8-7 所示。

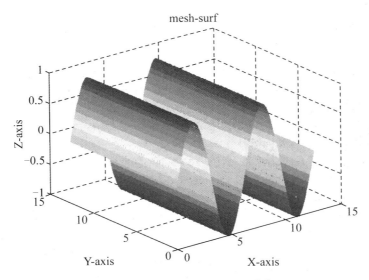

图 8-7　例 8-7 曲面对象绘制三维曲面

常用的图形句柄操作函数见表 8-1。

表 8-1　常用的图形句柄操作函数

函数	说明
findobj	按照指定的属性来获取图形对象的句柄
gcf	获取当前的图形窗口句柄
gca	获取当前的轴对象句柄
gco	获取当前的图形对象句柄

函数	说明
get	获取当前的句柄属性和属性值
set	设置当前句柄的属性值

 导入案例

动画制作示例

动画制作的基本思路如下。

(1) 画出初始图形。

(2) 计算活动对象的新位置，并在新位置上将它显示出来。

(3) 擦除原位置上的图形，刷新屏幕。

(4) 重复。

例：制作红色小球沿一条带封闭路径的下旋螺线运动的实时动画。

编写函数文件 anim_zzy1.m:

```
[ANIM_ZZY1.M]
function f=anim_zzy1(K,ki)
% anim_zzy1.m    演示红色小球沿一条封闭螺线运动的实时动画
% 仅演示实时动画的调用格式为  anim_zzy1(K)
% 既演示实时动画又拍摄照片的调用格式为 f=anim_zzy1(K,ki)
% K 为红球运动的循环数(不小于1)
% ki 为指定拍摄照片的瞬间,取 1 到 1034 间的任意整数
% f 为存储拍摄的照片数据,可用 image(f.cdata)观察照片
% 产生封闭的运动轨线
t1=(0:1000)/1000*10*pi;x1=cos(t1);y1=sin(t1);z1=-t1;
t2=(0:10)/10;x2=x1(end)*(1-t2);y2=y1(end)*(1-t2);z2=z1(end)*ones(size
(x2));
    t3=t2;z3=(1-t3)*z1(end);x3=zeros(size(z3));y3=x3;
    t4=t2;x4=t4;y4=zeros(size(x4));z4=y4;
    x=[x1 x2 x3 x4];y=[y1 y2 y3 y4];z=[z1 z2 z3 z4];
    plot3(x,y,z,'b'),    axis off          % 绘制曲线
% 定义"线"色、"点"型(点)、点的大小(40)、擦除方式(xor)
    h=line('Color',[1    0    0],'Marker','.','MarkerSize',40,'EraseMode',
'xor');
    % 使小球运动
    n=length(x);i=1;j=1;
    while 1
      set(h,'xdata',x(i),'ydata',y(i),'zdata',z(i));
```

```
    drawnow;
    pause(0.0005)
    i=i+1;
    if nargin==2 & nargout==1
        if(i==ki&j==1);f=getframe(gcf);end
    end
    if i>n
        i=1;j=j+1;
        if j>K;break;end
    end
end
```

(1) 在指令窗中运行以下指令，就可看到实时动画图形。

```
    f=anim_zzy1(2,450);
```

(2) 显示拍摄的照片。

```
    image(f.cdata),axis off
```

绘图如图 8-8 所示。

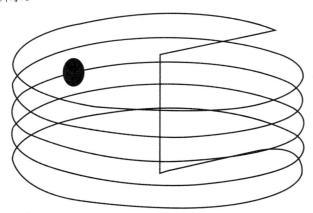

图 8-8　红球沿下旋螺线运动的瞬间图

知识拓展

关于 Object 句柄的获取

通过 findobj 可以根据 Object 的属性来获取其句柄来进行其他操作，但对于手工加入的 Object，如用鼠标绘制的直线，或加入的文字框(用 text 或 gtext 加入的可以)好像不行，请问如何获取这些对象的句柄。

有几个办法，关键在于使用 findall，而不是 findobj。如果只有一条线，也就是在

MATLAB 里用 figure 命令，然后用 figure 窗口工具栏的 Insert line 画一条线，那么可以用如下命令获得所画线条的句柄。

```
hLine = findall(gcf, 'Type', 'Line');
```

如果已经在该 figure 里画了一些曲线，例如：

```
x = 0:.01:20;
y = x.*sin(x);
hPlot = plot(x, y);
```

然后再用 Insert line 画一条线，那么这时用 hLines＝findall(gcf, 'Type', 'Line')获得的就是这两条线。那么怎么去区分这两条线呢？有以下几种办法。

(1) 一般用工具栏手工加上去的线条的句柄的数值比用 plot 的句柄值大，也就是说，上面 hLines 里比较大的那个数值对应于手工添加对象的句柄，但是结果可能不保证正确。

(2) 通常用手工添加的线条的数据点只有两个，即起始点和终止点，而用 plot 等所画的线条其数据点数目比较多，所以可以通过判断数据点个数来找出手工添加对象。

```
numOfPts = length(get(hLines(i), 'Xdata')); % 用循环遍历所有句柄
```

(3) 既然是手工添加，当然应该明白所添加线条的位置，所以可以通过判断该线条的起始点和终止点的坐标值来判断，这种方法适合于手工添加两条以上的线条。

(4) 最佳方法为：既然是手工添加，那么在添加线条以后，顺手用鼠标双击该线条，在出来的 Property 窗口，Info 标签下面，给这个线条一个 Tag，那么在程序里就可以通过这个 Tag 来唯一地确定该对象。

```
hMyLine = findall(gcf, 'Tag', 'myLine');
```

习　题　八

1. 利用系统曲线对象绘制曲线 $y=\sin x$，$y=\tan x$，并利用文字对象对曲线进行标注。

2. 建立一个图形窗口。该图形窗口没有菜单条，标题名称为"余弦函数显示窗口"，起始于屏幕左下角，宽度和高度分别为 450 像素点和 250 像素点，背景颜色为蓝色，且当用户从键盘按任意一个键时，将在该图形窗口绘制出余弦曲线。

实验八　图形句柄操作

实验目的：

1. 掌握图形对象属性的基本操作。

2. 掌握利用图形对象进行操作的方法。

实验要求：

1．通过实验学会图形对象属性的基本操作。
2．掌握利用图形对象属性进行绘图的操作方法。
3．会获取和显示图形对象的句柄。
4．会设置菜单和子菜单。
5．会设置用户控件。

实验内容：

1．建立一个图形窗口，使之背景颜色为红色，并在窗口上保留原有的菜单项，而且在单击鼠标器的左键之后显示 Left Button Pressed 字样。

参考答案

```
    hf=figure('Color',[1,0,0],'MenuBar','figure','WindowButtonUpFcn','
disp("Left Button Pressed")');
```

结果如图 SY8-1 所示。

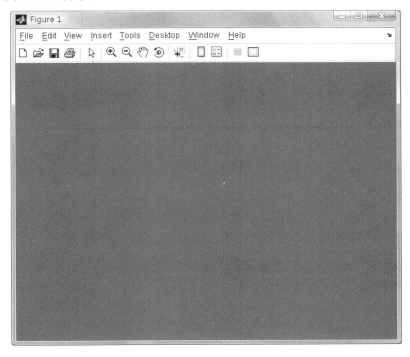

图 SY8-1　红色图形窗口

2．先利用默认属性绘制曲线 $y=x^2 e^{2x}$，然后通过图形句柄操作来改变曲线的颜色、线型和线宽，并利用文字对象给曲线添加文字标注。

参考答案

```
clear all
x=linspace(0,2*pi,50);
y=x.*x.*exp(2*x);
plot(x,y);
h=line(x,y,'Color','k','LineStyle','--','LineWidth',1);
text(6,6*6*exp(2*6),'\rightarrow y','FontSize',12)
```

结果如图 SY8-2 所示。

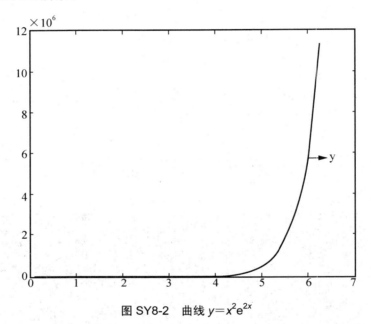

图 SY8-2　曲线 $y=x^2 e^{2x}$

第**9**章
MATLAB 图形用户界面设计

　　MATLAB 作为强大的科学计算软件，同时也提供了图形用户界面设计的功能。在 MATLAB 中基本的图形用户界面对象包括 3 类：用户界面控制对象、下拉式菜单对象和快捷菜单对象。通过 MATLAB 的各种图形对象可以设计出各种各样的图形用户界面。图形用户界面(GUI)是指由窗口、菜单、图标、光标、按键、对话框和文本等各种图形对象组成的用户界面。它让用户定制用户与 MATLAB 的交互方式，而命令窗口不是唯一与 MATLAB 的交互方式。

　　教学要求：要求学生能够利用 MATLAB 进行菜单设计、对话框设计和 GUI 的设计。

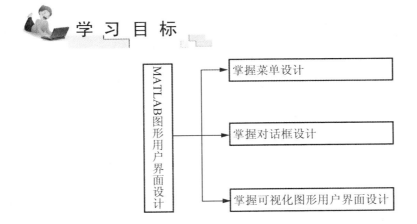

9.1 菜 单 设 计

1. 建立用户菜单

要建立用户菜单可用 uimenu 函数，因其调用方法不同，该函数可以用于建立一级菜单项和子菜单项。

建立一级菜单项的函数调用格式为

> 一级菜单项句柄=uimenu(图形窗口句柄,属性名1,属性值1,属性名2,属性值2,…)

建立子菜单项的函数调用格式为

> 子菜单项句柄=uimenu(一级菜单项句柄,属性名1,属性值1,属性名2,属性值2,…)

2. 菜单对象常用属性

菜单对象具有 Children、Parent、Tag、Type、UserData、Visible 等公共属性，除公共属性外，还有一些常用的特殊属性。

【例 9-1】建立图形演示系统菜单。菜单条中含有 3 个菜单项：Plot、Option 和 Quit。Plot 中有 Sine Wave 和 Cosine Wave 两个子菜单项，分别控制在本图形窗口画出正弦和余弦曲线。Option 菜单项的内容如图 9-1 所示，其中 Grid on 和 Grid off 控制给坐标轴加网格线，Box on 和 Box off 控制给坐标轴加边框，而且这 4 项只有在画有曲线时才是可选的。Window Color 控制图形窗口背景颜色。Quit 控制是否退出系统。

程序如下：

```
screen=get(0,'ScreenSize');
W=screen(3);H=screen(4);
figure('Color',[1,1,1],'Position',[0.2*H,0.2*H,0.5*W,0.3*H],…
'Name','图形演示系统 ','NumberTitle','off','MenuBar','none');
%定义 Plot 菜单项
hplot=uimenu(gcf,'Label','&Plot');
uimenu(hplot,'Label','Sine Wave','Call',…
['t=-pi:pi/20:pi;','plot(t,sin(t));',…
'set(hgon,''Enable'',''on'');',…
'set(hgoff,''Enable'',''on'');',…
'set(hbon,''Enable'',''on'');',…
'set(hboff,''Enable'',''on'');']);
uimenu(hplot,'Label','Cosine Wave','Call',…
['t=-pi:pi/20:pi;','plot(t,cos(t));',…
'set(hgon,''Enable'',''on'');',…
'set(hgoff,''Enable'',''on'');',…
```

```
'set(hbon,''Enable'',''on'');',…
'set(hboff,''Enable'',''on'');']);
%定义 Option 菜单项
hoption=uimenu(gcf,'Label','&Option');
hgon=uimenu(hoption,'Label','&Grid on',…
'Call','grid on','Enable','off');
hgoff=uimenu(hoption,'Label','&Grid off',…
'Call','grid off','Enable','off');
hbon=uimenu(hoption,'Label','&Box on',…
'separator','on','Call','box on','Enable','off');
hboff=uimenu(hoption,'Label','&Box off',…
'Call','box off','Enable','off');
hwincor=uimenu(hoption,'Label','&Window Color','Separator','on');
uimenu(hwincor,'Label','&Red','Accelerator','r',…
'Call','set(gcf,''Color'',''r'');');
uimenu(hwincor,'Label','&Blue','Accelerator','b',…
'Call','set(gcf,''Color'',''b'');');
uimenu(hwincor,'Label','&Yellow','Call',…
'set(gcf,''Color'',''y'');');
uimenu(hwincor,'Label','&White','Call',…
'set(gcf,''Color'',''w'');');
%定义 Quit 菜单项
uimenu(gcf,'Label','&Quit','Call','close(gcf)');
```

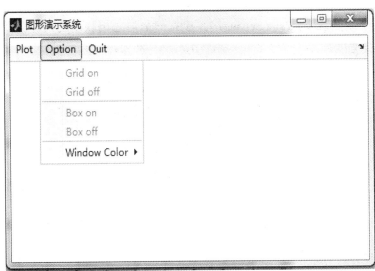

图 9-1　菜单窗口演示 1

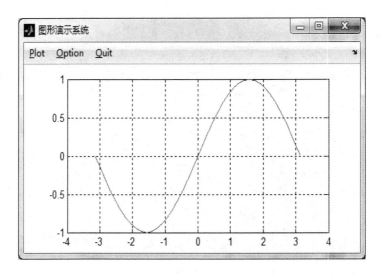

图 9-2　菜单窗口演示 2

3.　快捷菜单

快捷菜单是用鼠标右键单击某对象时在屏幕上弹出的菜单。这种菜单出现的位置是不固定的，而且总是和某个图形对象相联系。在 MATLAB 中，可以使用 uicontextmenu 函数和图形对象的 UIContextMenu 属性来建立快捷菜单，具体步骤如下。

(1)　利用 uicontextmenu 函数建立快捷菜单。

(2)　利用 uimenu 函数为快捷菜单建立菜单项。

(3)　利用 set 函数将快捷菜单和某图形对象联系起来。

【例 9-2】绘制曲线 $y=2\sin(5x)\sin x$，并建立一个与之相联系的快捷菜单，用以控制曲线的线型和曲线宽度。

程序如下：

```
x=0:pi/100:2*pi;
y=2*exp(-0.5*x).*sin(2*pi*x);
hl=plot(x,y);
hc=uicontextmenu;                        %建立快捷菜单
hls=uimenu(hc,'Label','线型');           %建立菜单项
hlw=uimenu(hc,'Label','线宽');
uimenu(hls,'Label','虚线','Call','set(hl,''LineStyle'','':'');');
uimenu(hls,'Label','实线','Call','set(hl,''LineStyle'',''-'');');
uimenu(hlw,'Label','加宽','Call','set(hl,''LineWidth'',2);');
uimenu(hlw,'Label','变细','Call','set(hl,''LineWidth'',0.5);');
set(hl,'UIContextMenu',hc);              %将该快捷菜单和曲线对象联系起来
```

绘图如图 9-3 所示。

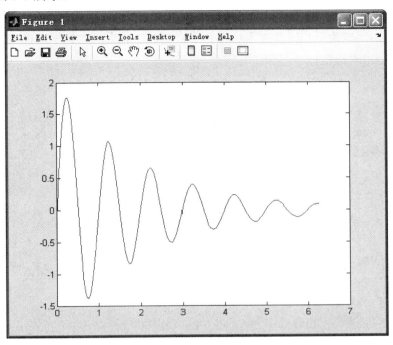

图 9-3　快捷菜单演示

9.2　对话框设计

1. 对话框的控件

在对话框上有各种各样的控件，利用这些控件可以实现有关控制。主要控件有：①按钮(Push Button)、②双位按钮(Toggle Button)、③单选按钮(Radio Button)、④复选框(Check Box)、⑤列表框(List Box)、⑥弹出框(Popup Menu)、⑦编辑框(Edit Box)、⑧滑动条(Slider)、⑨静态文本(Static Text)、⑩边框(Frame)。

2. 对话框的设计

1) 建立控件对象

MATLAB 提供了用于建立控件对象的函数 uicontrol，其调用格式为

对象句柄=uicontrol(图形窗口句柄,属性名 1,属性值 1,属性名 2,属性值 2,…)

其中各个属性名及可取的值和前面介绍的 uimenu 函数相似，但也不尽相同，下面将介绍一些常用的属性。

2) 控件对象的属性

MATLAB 的 10 种控件对象使用相同的属性类型，但是这些属性对于不同类型的控件对象，其含义不尽相同。除 Children、Parent、Tag、Type、UserData、Visible 等公共属性

外，还有一些常用的特殊属性。

【例9-3】建立如图9-4所示的数制转换对话框。在左边输入一个十进制整数和二到十六进制数，单击"转换"按钮能在右边得到十进制数所对应的二到十六进制字符串，单击"退出"按钮退出对话框。

程序如下：

```
hf=figure('Color',[0,1,1],'Position',[100,200,400,200],…
    'Name','数制转换','NumberTitle','off','MenuBar','none');
uicontrol(hf,'Style','Text', 'Units','normalized',…
    'Position',[0.05,0.8,0.45,0.1],'Horizontal','center',…
    'String','输 入 框','Back',[0,1,1]);
uicontrol(hf,'Style','Text','Units','normalized',…
    'Position',[0.5,0.8,0.45,0.1],'Horizontal','center',…
    'String','输 出 框','Back',[0,1,1]);
uicontrol(hf,'Style','Frame','Units','normalized',…
    'Position',[0.04,0.33,0.45,0.45],'Back',[1,1,0]);
uicontrol(hf,'Style','Text','Units','normalized',…
    'Position',[0.05,0.6,0.25,0.1],'Horizontal','center',…
    'String','十进制数','Back',[1,1,0]);
uicontrol(hf,'Style','Text','Units','normalized',…
    'Position',[0.05,0.4,0.25,0.1],'Horizontal','center',…
    'String','2～16进制','Back',[1,1,0]);
he1=uicontrol(hf,'Style','Edit','Units','normalized',…
    'Position',[0.25,0.6,0.2,0.1],'Back',[0,1,0]);
he2=uicontrol(hf,'Style','Edit','Units','normalized',…
    'Position',[0.25,0.4,0.2,0.1],'Back',[0,1,0]);
uicontrol(hf,'Style','Frame','Units','normalized',…
    'Position',[0.52,0.33,0.45,0.45],'Back',[1,1,0]);
ht=uicontrol(hf,'Style','Text','Units','normalized',…
    'Position',[0.6,0.5,0.3,0.1],'Horizontal','center',…
'Back',[0,1,0]);
COMM=['n=str2num(get(he1,''String''));',…
'b=str2num(get(he2,''String''));',…
    'dec=trdec(n,b);','set(ht,''string'',dec);'];
uicontrol(hf,'Style','Push','Units','normalized',…
    'Position',[0.18,0.1,0.2,0.12],'String','转 换','Call',COMM);
uicontrol(hf,'Style','Push', 'Units','normalized',…
```

```
'Position',[0.65,0.1,0.2,0.12],…
'String','退 出', 'Call','close(hf)');
```

图 9-4　对话框的设计

程序调用了 trdec.m 函数文件，该函数的作用是将任意十进制整数转换为二到十六进制字符串。trdec.m 函数文件如下。

```
function dec=trdec(n,b)
ch1='0123456789ABCDEF';        %十六进制的 16 个符号
k=1;
while n~=0                      %不断除某进制基数取余直到商为 0
  p(k)=rem(n,b);
  n=fix(n/b);
  k=k+1;
end
k=k-1;
strdec='';
while k>=1                     %形成某进制数的字符串
  kb=p(k);
  strdec=strcat(strdec,ch1(kb+1:kb+1));
  k=k-1;
end
dec=strdec;
```

【例 9-4】建立如图 9-5 所示的图形演示对话框。在编辑框输入绘图命令，当单击"绘图"按钮时，能在左边坐标轴绘制所对应的图形，弹出框提供色图控制，列表框提供坐标网格线和坐标边框控制。

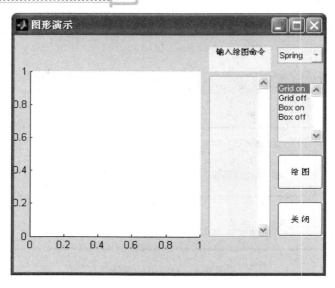

图 9-5　例 9-4 对话框

程序如下：

```
clf;
set(gcf,'Unit','normalized','Position',[0.2,0.3,0.55,0.36]);
set(gcf,'Menubar','none','Name','图形演示','NumberTitle','off');
axes('Position',[0.05,0.15,0.55,0.7]);
uicontrol(gcf,'Style','text', 'Unit','normalized',...
        'Posi',[0.63,0.85,0.2,0.1],'String',...
'输入绘图命令','Horizontal','center');
hedit=uicontrol(gcf,'Style','edit','Unit','normalized',...
'Posi',[0.63,0.15,0.2,0.68],...
        'Max',2);            %Max 取 2，使 Max-Min>1，从而允许多行输入
hpopup=uicontrol(gcf,'Style','popup','Unit','normalized',...
'Posi',[0.85,0.8,0.15,0.15],'String',...
'Spring|Summer|Autumn|Winter','Call',...
'COMM(hedit,hpopup,hlist)');
hlist=uicontrol(gcf,'Style','list','Unit','normalized',...
'Posi',[0.85,0.55,0.15,0.25],'String',...
'Grid on|Grid off|Box on|Box off','Call',...
'COMM(hedit,hpopup,hlist)');
hpush1=uicontrol(gcf,'Style','push','Unit','normalized',...
        'Posi',[0.85,0.35,0.15,0.15],'String',...
'绘 图','Call','COMM(hedit,hpopup,hlist)');
```

```
uicontrol(gcf,'Style','push','Unit','normalized',...
        'Posi',[0.85,0.15,0.15,0.15],'String',...
'关 闭','Call','close all');
COMM.m 函数文件：
function COMM(hedit,hpopup,hlist)
com=get(hedit,'String');
n1=get(hpopup,'Value');
n2=get(hlist,'Value');
if ~isempty(com)          %编辑框输入非空时
eval(com');               %执行从编辑框输入的命令
    chpop={'spring','summer','autumn','winter'};
    chlist={'grid on','grid off','box on','box off'};
    colormap(eval(chpop{n1}));
    eval(chlist{n2});
end
```

9.3　图形用户界面设计工具

MATLAB 的用户界面设计工具共有 6 个，分别介绍如下。

(1) 图形用户界面设计窗口：在窗口内创建、安排各种图形对象。

(2) 菜单编辑器(Menu Editor)：创建、设计、修改下拉式菜单和快捷菜单。

(3) 对象属性查看器(Property Inspector)：可查看每个对象的属性值，也可修改设置对象的属性值。

(4) 位置调整工具(Alignment Tool)：可利用该工具左右、上下对多个对象的位置进行调整。

(5) 对象浏览器(Object Browser)：可观察当前设计阶段的各个句柄图形对象。

(6) Tab 顺序编辑器(Tab Order Editor)：通过该工具，设置当用户按下键盘上的 Tab 键时，对象被选中的先后顺序。

9.3.1　图形用户界面设计窗口

1. GUI 设计模板

用户界面(或接口)是指人与机器(或程序)之间交互作用的工具和方法，如键盘、鼠标、跟踪球、话筒等都可成为与计算机交换信息的接口。

图形用户接口，即 GUI(Graphical User Interface)，是一个整合了窗口、图标、按钮、菜单和文本等图形对象的用户接口，是用户与计算机或程序与计算机之间进行通信和交互的方法。MATLAB 中的 GUI 程序为事件驱动的程序，事件包括按按钮、单击鼠标等。GUI 中的每个控件与用户定义的语句相关。当在界面上执行某项操作时，则开始执行相关的语句，激活这些图形对象，使计算机产生某种动作或变化，如实现计算、绘图等。

MATLAB 提供了两种创建图形用户接口的方法：通过 GUI 向导(GUIDE)创建的方法和编程创建 GUI 的方法。用户可以根据需要，选择适当的方法创建图形用户接口。通常可以参考下面的建议。

● 如果创建对话框，可以选择编程创建 GUI 的方法。MATLAB 中提供了一系列标准对话框，可以通过一个函数简单创建对话框。

● 只包含少量控件的 GUI，可以采用程序方法创建，每个控件可以由一个函数调用实现。

复杂的 GUI 通过向导创建比通过程序创建更简单一些，但是对于大型的 GUI，或者由不同的 GUI 之间相互调用的大型程序，用程序创建更容易一些。

在 MATLAB 主窗口中，选择 File 菜单中的 New 菜单项，再选择其中的 GUI 命令，就会显示图形用户界面的设计模板。

MATLAB 为 GUI 设计一共准备了 4 种模板，分别是 Blank GUI(默认)、GUI with Uicontrols(带控件对象的 GUI 模板)、GUI with Axes and Menu(带坐标轴与菜单的 GUI 模板)与 Modal Question Dialog(带模式问话对话框的 GUI 模板)。

当用户选择不同的模板时，在 GUI 设计模板界面的右边就会显示出与该模板对应的 GUI 图形。

2. 启动 GUI 开发环境

通过 GUI 向导，即 GUIDE(Graphical User Interface Development Environment，用户图形界面开发环境)，创建一个简单的 GUI，该 GUI 实现三维图形的绘制。界面中包含一个绘图区域；一个面板，其中包含 3 个绘图按钮，分别实现表面图、网格图和等值线的绘制；一个弹出菜单，用以选择数据类型，并且用静态文本进行说明。

GUIDE 包含了大量创建 GUI 的工具，这些工具简化了创建 GUI 的过程。通过向导创建 GUI 直观、简单，便于用户快速开发 GUI。GUIDE 自动生成包含控制操作的 MATLAB 函数的程序文件，它提供初始化 GUI 的代码和包含 GUI 回调函数(响应函数)的框架，用户可以向函数中添加代码实现自己的操作。

(1) 启动 GUI 操作界面。GUIDE 可以通过 4 种方法启动。

● 可以在 MATLAB 主窗口命令行中键入 guide 命令来启动 GUIDE。

● 在 MATLAB 主窗口左下角的"开始"菜单中选择 MATLAB→GUIDE(GUI Builder)命令。

● 在 MATLAB 主窗口的 File 菜单中选择 New→GUI 命令。

● 单击 MATLAB 主窗口工具栏中的 GUIDE 图标。

启动 GUIDE 后，系统打开 GUI 快速启动向导界面，界面上有"打开已有 GUI(Open Existing GUI)"和"新建 GUI(Create New GUI)"两个标签，用户可以根据需要进行选择。

(2) 选择新建 GUI 标签，打开新建 GUI 对话框，如图 9-6 所示。

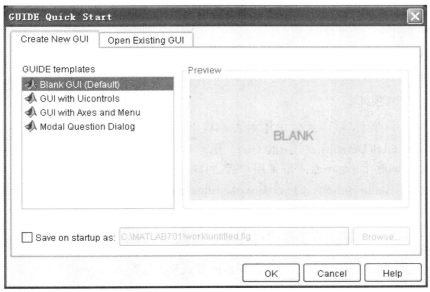

图 9-6　GUI 向导界面

3．GUI 的可选控件和模板

GUI 可选的控件有以下几种。

● Push Button：普通按钮，当单击按钮时产生操作，如单击 OK 按钮时进行相应操作并关闭对话框。

● Toggle Button：开关按钮。该按钮包含两个状态，第一次单击按钮时按钮状态为"开"，再次单击时将其状态改变为"关"。状态为"开"时进行相应的操作。

● Radio Button：单选按钮。该按钮用于在一组选项中选择一个并且每次只能选择一个。用鼠标单击选项即可选中相应的选项，选择新的选项时原来的选项自动取消。

● Button Group：按钮组控件。该按钮将按钮集合进行成组管理。

● Check Box：复选框。该按钮用于同时选中多个选项。当需要向用户提供多个互相独立的选项时，可以使用复选框。

● List Box：列表框控件。该按钮将项目进行列表，用于在一组选项中选择一个或多个。

● Edit Text：文本编辑框，用户可以在其中输入或修改文本字符串。程序以文本为输入时使用该工具。

● Static Text：静态文本。控制文本行的显示，用于向用户显示程序使用说明、显示滑动条的相关数据等。用户不能修改静态文本的内容。

● Edit Text：编辑框控件。该按钮用于文本行的编辑、显示，用户可以修改文本的内容。

● Slider：滑动条，通过滑动条的方式指定参数。指定数据的方式可以有拖动滑动条、单击滑动槽的空白处，或者单击按钮。滑动条的位置显示的为指定数据范围的百分比。

● Popup Menu：弹出式菜单控件，单击下拉箭头后列出项目供选择，类似于列表框控件。

● Axes：坐标轴控件，建立坐标系。

● Panel：面板控件，是装载其他控件的容器。

4. GUI 功能模板

在新建 GUI 的对话框中，GUIDE 在左侧提供了 4 个功能模板。

● Blank GUI(Default)：空白的 GUI，用户界面上不含任何控件，默认为空 GUI。

● GUI with Uicontrols：是带用户控件(Uicontrols)的用户界面。该界面包括 Push Button、Slider、Radio Button、Check Boxes、Editable 和 Static Text Components、List Boxes 和 Toggle Button 等组件。

● GUI with Axes and Menu：带坐标轴和菜单的用户界面。

● Modal Question Dialog：带询问对话框的用户界面。

用户可以保存该 GUI 模板，选中左下角的复选框，并键入保存位置及名称，例如，输入"simples_gui1"。

如果不保存，则在第一次运行该 GUI 时系统提示保存。设置完成后，单击 OK 按钮进入 GUI 的 Layout 编辑。此时系统会打开界面编辑窗口和程序编辑窗口，如果不保存该 GUI，则只有界面编辑窗口。

5. GUI 窗口的布局与 Layout 编辑器

选择新建空的 GUI 用户界面窗口，选中左下角的"保存"复选框，并输入文件名，单击 OK 按钮，打开 Layout 编辑器窗口，如图 9-7 所示。

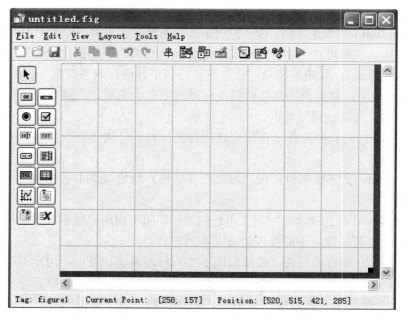

图 9-7　Layout(布局)编辑器窗口

该窗口中包括菜单栏、控制工具栏、GUI 控件面板、GUI 编辑区域等，在 GUI 编辑区域右下角，可以通过鼠标拖曳的方式改变 GUI 界面的大小。

当用户在 GUIDE 中打开一个 GUI 时，该 GUI 将显示在 Layout 编辑器中，Layout 编辑器是所有 GUIDE 工具的控制面板。在 Layout 编辑视图，可以使用如下工具。

- Layout Editor：布局编辑器。
- Alignment Tool：对齐工具。
- Property Inspector：对象属性观察器。
- Object Browser：对象浏览器。
- Menu Editor：菜单编辑器。

6. GUI 设计窗口

在 GUI 设计模板中选中一个模板，然后单击 OK 按钮，就会显示 GUI 设计窗口。选择不同的 GUI 设计模式时，在 GUI 设计窗口中显示的结果是不一样的。

GUI 设计窗口由菜单栏、工具栏、控件工具栏以及图形对象设计区等部分组成。GUI 设计窗口的菜单栏有 File、Edit、View、Layout、Tools 和 Help 6 个菜单项，使用其中的命令可以完成图形用户界面的设计操作。

7. GUI 设计窗口的基本操作

在 GUI 设计窗口创建图形对象后，通过双击该对象，就会显示该对象的属性编辑器。例如，创建一个 Push Button 对象，并设计该对象的属性值。

9.3.2 对象属性查看器

利用对象属性查看器，可以查看每个对象的属性值，也可以修改、设置对象的属性值，从 GUI 设计窗口工具栏上选择 Property Inspector 命令，或者选择 View 菜单下的 Property Inspector 子菜单，就可以打开对象属性查看器。另外，在 MATLAB 命令窗口的命令行上输入"inspect"，也可以打开对象属性查看器。

在选中某个对象后，可以通过对象属性查看器，查看该对象的属性值，也可以方便地修改对象属性的属性值。

9.3.3 菜单编辑器

利用菜单编辑器，可以创建、设置、修改下拉式菜单和快捷菜单。从 GUI 设计窗口的工具栏上选择 Menu Editor 命令，或者选择 Tools 菜单下的 Menu Editor 子菜单，也可以打开菜单编辑器。

菜单编辑器左上角的第一个按钮用于创建一级菜单项。第二个按钮用于创建一级菜单的子菜单。

菜单编辑器的左下角有两个按钮，单击第一个按钮，可以创建下拉式菜单。单击第二个按钮，可以创建 Context Menu 菜单，单击它后，菜单编辑器左上角的第三个按钮就会变成可用，单击它就可以创建 Context Menu 主菜单。在选中已经创建的 Context Menu 主菜

单后，可以单击第二个按钮创建选中的 Context Menu 主菜单的子菜单。与下拉式菜单一样，选中创建的某个 Context Menu 菜单，菜单编辑器的右边就会显示该菜单的有关属性，可以在这里设置、修改菜单的属性。

菜单编辑器左上角的第 4 个与第 5 个按钮用于对选中的菜单进行左移与右移，第 6 与第 7 个按钮用于对选中的菜单进行上移与下移，最右边的按钮用于删除选中的菜单。

9.3.4　位置调整工具

利用位置调整工具，可以对 GUI 对象设计区内的多个对象的位置进行调整。从 GUI 设计窗口的工具栏上选择 Align Objects 命令，或者选择 Tools 菜单下的 Align Objects 菜单项，就可以打开对象位置调整器。

对象位置调整器中的第一栏是垂直方向的位置调整。对象位置调整器中的第二栏是水平方向的位置调整。

在选中多个对象后，可以方便地通过对象位置调整器调整对象间的对齐方式和距离。

9.3.5　对象浏览器

利用对象浏览器，可以查看当前设计阶段的各个句柄图形对象。从 GUI 设计窗口的工具栏上选择 Object Browser 命令，或者选择 View 菜单下的 Object Browser 子菜单，就可以打开对象浏览器。例如，在对象设计区内创建了 3 个对象，它们分别是 Edit Text、Push Button、ListBox 对象，此时单击 Object Browser 按钮，可以看到对象浏览器。

在对象浏览器中，可以看到已经创建的 3 个对象以及图形窗口对象 figure。用鼠标双击图中的任何一个对象，可以进入对象的属性查看器界面。

9.3.6　Tab 顺序编辑器

利用 Tab 顺序编辑器(Tab Order Editor)，可以设置用户按键盘上的 Tab 键时，对象被选中的先后顺序。选择 Tools 菜单下的 Tab Order Editor 菜单项，就可以打开 Tab 顺序编辑器。例如，若在 GUI 设计窗口中创建了 3 个对象可以打开，与它们相对应的 Tab 顺序编辑器。

利用 GUI 设计工具设计图示的用户界面。该界面包括一个用于显示图形的轴对象，显示的图形包括表面图、网格图或等高线图。绘制图形的功能通过 3 个命令按钮来实现，用户通过单击相应的按钮，即可绘制相应图形。绘制图形所需要的数据通过一个弹出框来选取。在弹出框中包括 3 个选项，分别对应 MATLAB 的数据函数 peaks、membrane 和用户自定义的绘图数据 sinc，用户可以通过选择相应的选项来载入相应的绘图数据。在图形窗口缺省的菜单条上添加一个菜单项 Select，Select 下又有两个子菜单项 Yellow 和 Red，选中 Yellow 项时，图形窗口将变成黄色，选中 Red 项时，图形窗口将变成红色。

操作步骤如下。

(1) 打开 GUI 设计窗口，添加有关控件对象。在 MATLAB 命令窗口输入命令 guide，将打开 GUI 设计窗口。单击 GUI 设计窗口控件工具栏中的 Axes 按钮，并在图形窗口中拖出一个矩形框，调整好大小和位置。再添加 3 个按钮、一个弹出框和一个静态文本框，并调整好大小和位置。必要时可利用位置调整工具将图形对象对齐。

(2) 利用属性编辑器，设置图形对象的属性。打开属性编辑器，当用户在界面设计中选择一个对象后，在属性编辑器中将列出该对象的属性及默认的属性值。利用属性编辑器把 3 个按钮的 Position 属性的第 3 和第 4 个分量设为相同的值，以使 3 个按钮的宽和高都相等。3 个按钮的 String 属性分别是说明文字 Mesh、Surf 和 Contour3，FontSize 属性设为10。双击弹出框，打开该对象的属性设置对话框。为了设置弹出框的 String 属性，单击 String属性名后面的图标，然后在打开的文本编辑器中输入 3 个选项：peaks、membrane、sinc。注意，每行输入一个选项。将静态文本框的 String 属性设置为 Choose Data of Graphics。

(3) 编写代码，实现控件功能。为了实现控件的功能，需要编写相应的程序代码。如果实现代码较为简单，可以直接修改控件的 Callback 属性。对于较为复杂的程序代码，最好还是编写 M 文件。右击任意一个图形对象，在弹出的快捷菜单中选择 View Callbacks 命令，再选择 Callback 子菜单，将自动打开一个 M 文件，这时可以在各控件的回调函数区输入相应的程序代码。本例需要添加的代码如下(注释部分和函数引导行是系统 M 文件中已有的)。

在打开的函数文件中，添加用于创建绘图数据的代码如下。

```
function ex8_5_OpeningFcn(hObject, eventdata, handles, varargin)
% This function has no output args, see OutputFcn.
% hObject    handle to figure
% eventdata  reserved - to be defined in a future version of MATLAB
% handles    structure with handles and user data (see GUIDATA)
% varargin   command line arguments to ex8_5 (see VARARGIN)
handles.peaks=peaks(35);
handles.membrane=membrane(5);         % membrane 函数产生 MATLAB 标志
[x,y]=meshgrid(-8:0.5:8);
r=sqrt(x.^2+y.^2);
sinc=sin(r)./(r+eps);
handles.sinc=sinc;
handles.current_data=handles.peaks;
```

为弹出式菜单编写响应函数代码如下。

```
% --- Executes on selection change in popupmenu1.
function popupmenu1_Callback(hObject, eventdata, handles)
% hObject    handle to popupmenu1 (see GCBO)
% eventdata  reserved - to be defined in a future version of MATLAB
% handles    structure with handles and user data (see GUIDATA)
val=get(hObject,'Value')
str=get(hObject,'String');
switch str{val}
    case 'peaks'
        handles.current_data=handles.peaks;
```

```
        case 'membrane'
            handles.current_data=handles.membrane;
        case 'sinc'
            handles.current_data=handles.sinc;
    end
    guidata(hObject,handles)
    % Hints: contents = get(hObject,'String') returns popupmenu1 contents
as cell array
    % contents{get(hObject,'Value')} returns selected item from popupmenu1
```

为 Mesh 按钮编写响应函数代码如下。

```
% --- Executes on button press in pushbutton1.
function pushbutton1_Callback(hObject, eventdata, handles)
% hObject    handle to pushbutton1 (see GCBO)
% eventdata  reserved - to be defined in a future version of MATLAB
% handles    structure with handles and user data (see GUIDATA)
mesh(handles.current_data)
```

为 Surf 按钮编写响应函数代码如下。

```
% --- Executes on button press in pushbutton2.
function pushbutton2_Callback(hObject, eventdata, handles)
% hObject    handle to pushbutton2 (see GCBO)
% eventdata  reserved - to be defined in a future version of MATLAB
% handles    structure with handles and user data (see GUIDATA)
surf(handles.current_data)
```

为 Contour3 按钮编写响应函数代码如下。

```
% --- Executes on button press in pushbutton3.
function pushbutton3_Callback(hObject, eventdata, handles)
% hObject    handle to pushbutton3 (see GCBO)
% eventdata  reserved - to be defined in a future version of MATLAB
% handles    structure with handles and user data (see GUIDATA)
contour3(handles.current_data)
```

可以看出，每个控件对象都有一个由 function 语句引导的函数，用户可以在相应的函数下添加程序代码来完成指定的任务。在运行图形用户界面文件时，如果单击其中的某个对象，则在 MATLAB 机制下自动调用该函数。

选择、创建函数介绍如下。

(1) 可以创建图形句柄的常见函数有以下几个。

● figure()函数：创建一个新的图形对象。

● newplot()函数：做好开始画新图形对象的准备。

● axes()函数：创建坐标轴图形对象。

● line()函数：画线。

- patch()函数：填充多边形。
- surface()函数：绘制三维曲面。
- image()函数：显示图片对象。
- uicontrol()函数：生成用户控制图形对象。
- uimenu()函数：生成图形窗口的菜单中层次菜单与下一级子菜单。

(2) 获取与设置对象属性的常用函数有以下几个。

- gcf()函数：获得当前图形窗口的句柄。
- gca()函数：获得当前坐标轴的句柄。
- gco()函数：获得当前对象的句柄。
- gcbo()函数：获得当前正在执行调用的对象的句柄。
- gcbf()函数：获取包括正在执行调用的对象的图形句柄。
- delete()函数：删除句柄所对应的图形对象。
- findobj()函数：查找具有某种属性的图形对象。

(3) 其他可以选择的几个实用的函数有以下几个。

- uigetfile()函数：选择文件对话框。
- uiputfile()函数：保存文件对话框。
- uisetcolor()函数：设置颜色对话框。
- fontsetcolor()函数：设置字体对话框。
- msgbox()函数：消息框。
- warndlg()函数：警告框。
- helpdlg()函数：帮助框。

导入案例

单孔衍射上机实验

上机实验程序如下：

```
%圆孔衍射
clc
clear
lam=500e-9
a=1e-3
f=1
m=300;
ym=4000*lam*f;
ys=linspace(-ym,ym,m);
xs=ys;
n=200;
for i=1:m
 r=xs(i)^2+ys.^2;
 sinth=sqrt(r./(r+f^2));
```

```
x=2*pi*a*sinth./lam
hh=(2*BESSELJ(1,x)).^2./x.^2;
b(:,i)=(hh)'.*5000;
end
subplot(1,2,1)
image(xs,ys,b)
colormap(gray(n))
subplot(1,2,2)
b(:,m/2)
plot(ys,b(:,m/2))
```

程序运行后的结果如图 9-8 和图 9-9 所示。

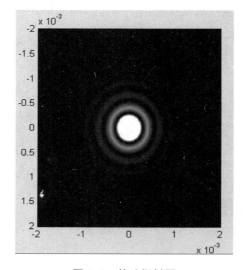

图 9-8　单孔衍射图

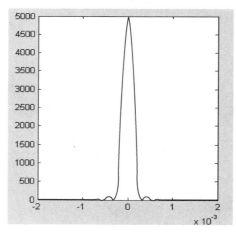

图 9-9　光强分布图

知识拓展

MATLAB GUI 编程技巧

1. 如何使 GUI 编辑的界面一运行就居中？

方法一：

假如当前的 figure 句柄是 h，则在程序运行的刚开始，用以下命令。

```
set(h,'visible','off');                    %使 h 对应的图不可见
```

然后再进行其他的操作，最后，在程序的结尾部分，用以下两个语句。

```
movegui(h,'center');       %将这个图移到中央,详细用法参阅 help  movegui
set(h,'visible','on');     %恢复其可见性
```

方法二：

```
function figureMiddled
figure;
set(0,'units','pixels');
set(gcf,'units','pixels');
screenrect=get(0,'screensize');
screenwidth=screenrect(3);
screenheight=screenrect(4);
figwidth=600;
figheight=200;
figposition=[(screenwidth/2-figwidth/2) ...
    (screenheight/2-figheight/2)...
    figwidth figheight];
set(gcf,'position',figposition);
```

2. 关于参数传递

关于参数传递主要有 3 种方法。

(1) 用定义全局变量的方法来实现，如 global a 等，这种一般用在小程序中，因为如果全局变量太多的话，会造成系统混乱。

(2) 应用对象的 userdata 属性，直接通过对象的 userdata 属性来进行各个 callback 之间的数据存取操作。首先把数据存到一个特定的对象中，然后再取出来，命令如下：

```
>> set( 'ui_handle','userdata',value)
>>value=get('ui_handle','userdata')
```

这种方法虽然简单，但其缺点是每个对象只能存取一个变量值。

(3) 利用 setappdata、getappdata、rmappdata 函数来实现，这几个函数来进行数据传递是最有弹性的，使用方法和第二种方法类似。

习　题　九

1．什么是图形用户界面？有何特点？

提示：所谓图形用户界面是指由窗口、菜单、对话框等各种图形元素组成的用户界面。

2．菜单设计和对话框设计的基本思路是什么？

提示：菜单设计的基本思路如下。根据建立一级菜单项的函数调用格式，一级菜单项句柄＝uinmenu(图形窗口句柄，属性名 1，属性值 1，…)和建立二级菜单句柄调用格式，子菜单项句柄＝uimenu(一级菜单项句柄，属性名 1，属性值 1，…)进行设计。其中，通过改变菜单常用属性值来改变其属性，从而满足用户要求。

对话框设计的基本思路如下。根据建立控件对象的函数：对象句柄＝uicontrol(图形窗口句柄，属性名 1，属性值 1，…)进行设计。通过改变对话框的控件及相应属性值，从而满足用户要求。

3．对话框中常用控件有哪些？各有何作用？

提示：

(1) 按钮：一个按钮代表一种操作。

(2) 双位按钮：这种按钮有两种状态，即按下状态和抬起状态，每单击一次其状态将改变一次。

(3) 单选按钮：一种选择性按钮，当被选中时，圆圈的中心有一个实心的黑点，否则圆圈为空白。

(4) 复选框：一次可以选择多项的选择性按钮。

(5) 列表框：可供选择的一些选项。

(6) 弹出框：平时只显示当前选项，单击其右端的向下箭头即弹出一个列表框，列出全部选项。

(7) 编辑框：可供用户输入数据用。

(8) 滑动条：可用图示的方式输入指定范围内的一个数量值。

(9) 静态为本：在对话框中现实说明行文字。

(10) 边框：主要用于修饰用户界面，使用户界面更友好。

实验九　菜单与对话框设计

实验目的：

1．掌握菜单设计的方法。

2．掌握建立控件对象的方法。

3．掌握对话框设计的方法。

实验要求：

1．通过实验掌握菜单设计的方法。

2．通过实验掌握建立控件对象的方法。

3．通过实验掌握对话框设计的方法。

实验内容：

在图形窗口默认菜单条上增加一个 plot 菜单项，利用该菜单项可以在本窗口绘制三维曲线图形。

代码如下。

```
screen=get(0,'ScreenSize');
W=screen(3);H=screen(4);
figure('Position',[0.2*H,0.2*H,0.5*W,0.3*H],...
'Name','菜单设计实验','NumberTitle','Off','MenuBar','none');
hplot=uimenu(gcf,'Label','&Plot');
uimenu(hplot,'Label','Sine Wave','Call',['t=-pi:pi/20:pi;','plot(t,sin
(t));']);
uimenu(hplot,'Label','Cosine Wave','Call',['t=-pi:pi/20:pi;','plot(t,cos
(t));']);
uimenu(hplot,'Label','&Quit','Call','close(gcf)')
```

结果如图 SY9-1 所示。

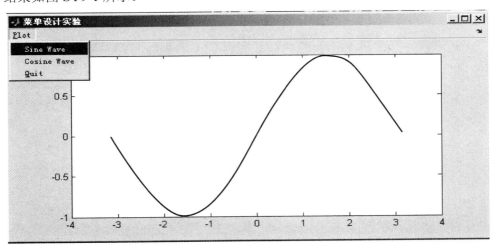

图 SY9-1　菜单设计实验

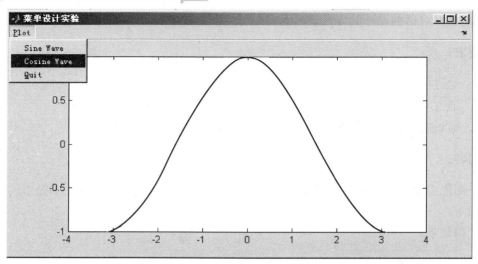

图 SY9-1 菜单设计实验(续)

第 **10** 章
Simulink 动态仿真集成环境

    Simulink(Dynamic System Simulation)是 MATLAB 的重要组成部分,它提供建立系统模型、选择仿真参数和数值算法、启动仿真程序对系统进行仿真、设置不同的输出方式来观察仿真结果等功能。Simulink 有两层含义,"Simu" 代表它可以进行系统仿真;"link"表明它能进行系统连接。

    教学要求: 了解 Simulink 的基本操作及运用它进行建模。

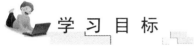

学 习 目 标

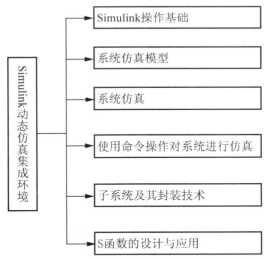

10.1 Simulink 操作基础

1. Simulink 的启动

(1) 用命令方式：在 MATLAB 的命令窗口输入 Simulink。

(2) 使用工具栏按钮：单击 MATLAB 主窗口工具栏上的 Simulink 按钮即可启动 Simulink。

Simulink 启动后会显示 Simulink 模块库浏览器(Simulink Library Browser)窗口，如图 10-1 所示。

2. 建立系统模型

有如下几种方式。

(1) 在 MATLAB 主窗口 File 菜单中选择 New 菜单项下的 Model 命令，在出现 Simulink 模块库浏览器的同时，还会出现一个名字为 untitled 的模型编辑窗口图，如图 10-2 所示。

(2) 在启动 Simulink 模块库浏览器后再单击其工具栏中的 Create a new model 按钮，也会弹出模型编辑窗口。

(3) 选择 Simulink 主窗口中 File 菜单中 New 菜单项下的 Model 命令。启动 Simulink 到建立系统模型的具体操作如图 10-3 所示。

模型创建完成后，从模型编辑窗口的 File 菜单项中选择 Save 或 Save As 命令，可以将模型以模型文件的格式(扩展名为.mdl)存入磁盘。

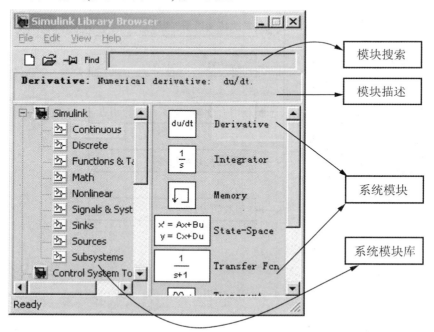

图 10-1 Simulink 模块库浏览器

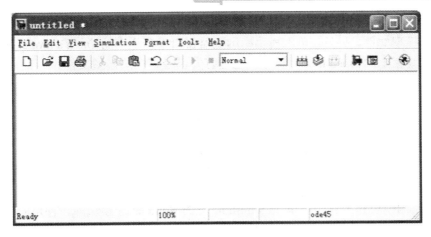

图 10-2　模型编辑窗口

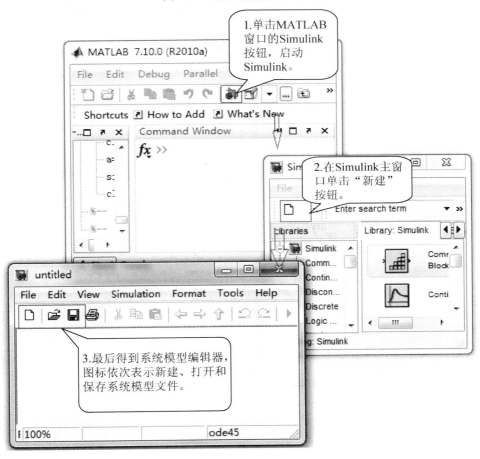

图 10-3　启动 Simulink，建立系统模型的基本步骤

如果要对一个已经存在的模型文件进行编辑修改，需要打开该模型文件，其方法是，在 MATLAB 命令窗口直接输入模型文件名(不要加扩展名.mdl)。在模块库浏览器窗口或模型编辑窗口的 File 菜单中选择 Open 命令，然后选择或输入欲编辑模型的名字，也能打开已经存在的模型文件。另外，单击模块库浏览器窗口工具栏上的 Open a model 按钮或模型编辑窗口工具栏上的 Open model 按钮，也能打开已经存在的模型文件。

【例 10-1】创建一个正弦信号的仿真模型。

步骤如下：

(1) 在 MATLAB 的命令窗口中单击工具栏中的图标 ，从而打开 Simulink 模块库浏览器(Simulink Library Browser)窗口。

(2) 单击 Simulink 主窗口击工具栏上的图标 □ ，新建一个名为 untitled 的空白模型窗口。(前两个步骤如图 10-3 所示)

(3) 在左侧模块和工具箱栏单击 Simulink 下的 Sources 子模块库，便可看到各种输入源模块(图 10-4)。

(4) 用鼠标单击所需要的输入信号源模块 Sine Wave (正弦信号)，将其拖放到的空白模型窗口 untitled 中，则 Sine Wave 模块就被添加到 untitled 窗口；也可以用鼠标选中 Sine Wave 模块，单击鼠标右键，在快捷菜单中选择 add to 'untitled'命令，就可以将 Sine Wave 模块添加到 untitled 窗口(图 10-4)。

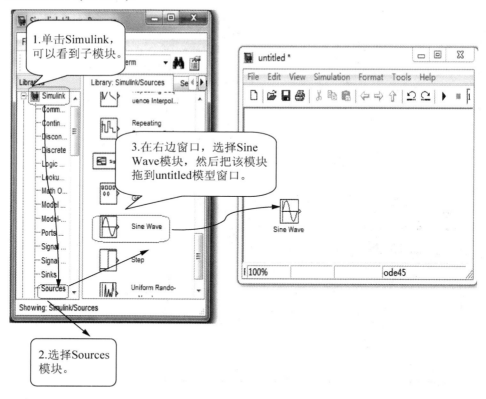

图 10-4　步骤(3)(4)的图示操作

(5) 用同样的方法打开接收模块库 Sinks，选择其中的 Scope 模块(示波器)拖放到 untitled 窗口中(图 10-5)。

(6) 在 untitled 窗口中，用鼠标指向 Sine Wave 右侧的输出端，当光标变为十字符时，按住鼠标拖向 Scope 模块的输入端，松开鼠标，就完成了两个模块间的信号线连接，一个简单模型已经建成(图 10-5)。

(7) 开始仿真，单击 untitled 模型窗口中的"开始仿真"图标，或者选择 Simulink→Start 命令，则仿真开始。双击 Scope 模块出现示波器显示屏，可以看到黄色的正弦波形(图 10-5)。

(8) 保存模型，单击工具栏的"保存"图标。

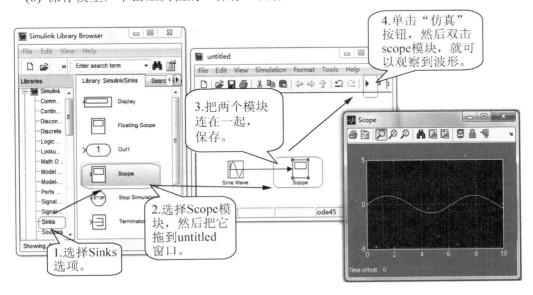

图 10-5　步骤(5)~(8)的图示操作

10.2　系统仿真模型

10.2.1　Simulink 的基本模块

Simulink 的模块库提供了大量模块。单击模块库浏览器中 Simulink 前面的"＋"号，将看到 Simulink 模块库中包含的子模块库，单击所需要的子模块库，在右边的窗口中将看到相应的基本模块，选择所需基本模块，可用鼠标将其拖到模型编辑窗口。同样，在模块库浏览器左侧的 Simulink 栏上右击鼠标，在弹出的快捷菜单中选择 Open the 'Simulink' Library 命令，将打开 Simulink 基本模块库窗口。单击其中的子模块库图标，打开子模块库，找到仿真所需要的基本模块。

Simulink 的公共模块库是 Simulink 中广泛用到的模块库，而 Simulink 公共模块库总共包含 9 个模块库(图 10-6)，下面主要介绍几个常用模块的功能。

(1) Continuous(连续系统模块库)：Continuous 模块及其各自的功能：如图 10-7 所示。

(2) Discrete(离散系统模块库)：Discrete 模块及其各自的功能如图 10-8 所示。

(3) Sinks(系统输出模块库)：Sinks 的模块及其各自的功能如图 10-9 所示。

(4) Math(数学运算库)：Math 的模块及其各自的功能如图 10-10 所示。

(5) Sources(系统输入模块库)：Sources 的模块及其各自的功能如图 10-11 所示。

(6) Subsystems(子系统模块库)：Subsystems 的模块及其各自的功能如图 10-12 所示。

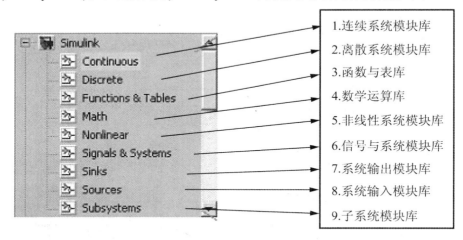

图 10-6　Simulink 的公共模块库

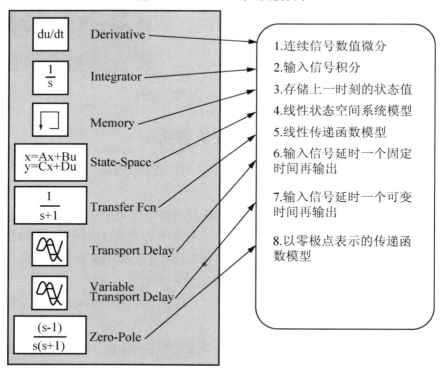

图 10-7　连续系统模块库及其功能

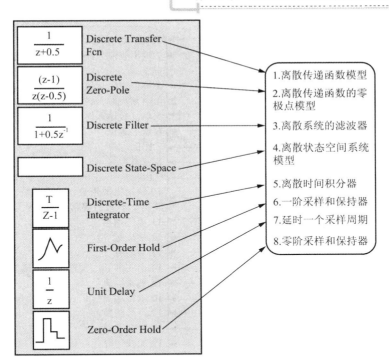

图 10-8　离散系统模块库

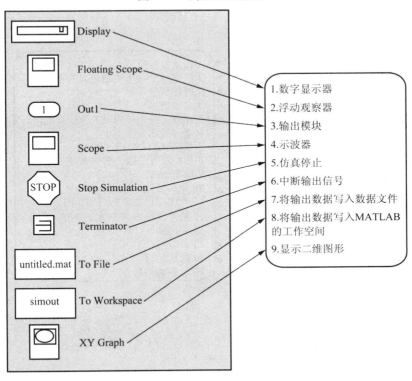

图 10-9　系统输出模块库

图 10-10　数学运算库

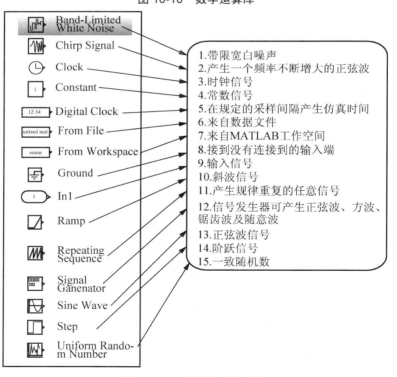

图 10-11　系统输入模块库

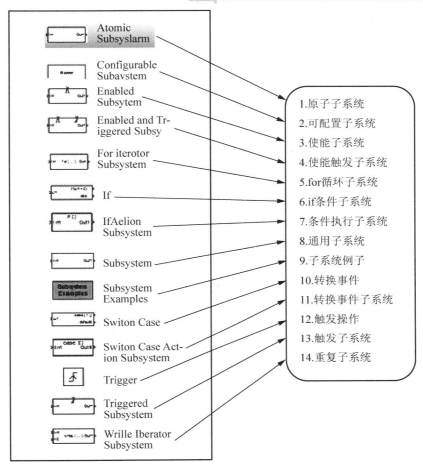

图 10-12　子系统模块库

10.2.2　模块的编辑

首先启动 Simulink，打开系统模型编辑器。然后就可以根据自己的想法，在 Simulink 的模块库浏览器中选择相应模型。

1. 添加模块

添加模块的方式有两种(图 10-13)，分别介绍如下。

(1) 选中所需要的模块，按住鼠标左键不放，把模块拖到 untitled 窗口。

(2) 选中所需要的模块，然后单击鼠标右键，在弹出的快捷菜单中选 Add to untitled 命令，最后在系统模型编辑器中就可看到相应的模块。

2. 复制与删除模块

当需要重复利用到相同的模块时，可以使用复制粘贴的方式，快速达到目的。而复制模块的方式主要有 4 种(图 10-14)。

(1) 选中要复制的模块，右击，选择 copy 命令。

(2) 选中要复制的模块，右击选择 Edit→copy 命令。

(3) 选中要复制的模块，按快捷键 Ctrl＋C 键。

(4) 选中要复制的模块，按住 Ctrl 键，用鼠标拖动即可。

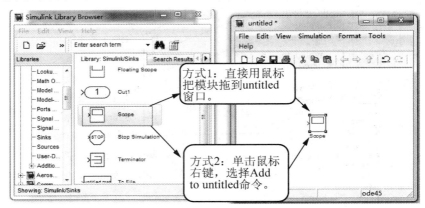

图 10-13　添加模块的基本步骤

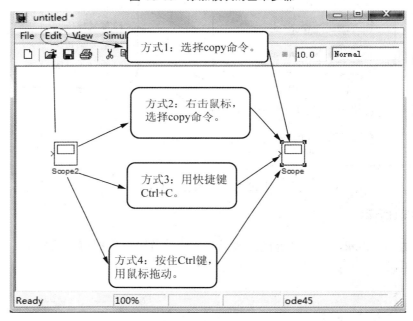

图 10-14　复制模块的方式

删除模块的方式有以下两种。

(1) 选中要删除的模块，右击，选择 delete 命令。

(2) 选中要删除的模块，按计算机键盘的 Delete 键。

3. 模块外形的调整

1) 改变模块的大小

Simulink 模块的大小，是可以任意改变的。并且在建立系统模型时，因为连线的需要或者当模块太小或太大时，这时就必须要通过改变模块的大小，以便满足建立系统模型框图的要求。

改变模块大小的方法：首先，用鼠标单击所需要改变大小的模块(如 ⬜Scope1)，此时可以发现模块 4 个角有黑色小框(如 ⬜)；然后把鼠标放在任何一个角，当鼠标表为双箭头后，拖动鼠标就可以改变模块大小。

2) 改变模块的颜色

在 Simulink 中，改变模块的颜色。首先选中模块，然后右击鼠标。选择 Format 的 Show Drop Shadow 命令可以生成模块背影；选择 Foreground color 命令可以改变模块的颜色，并且由此模块引出的信号线也会随之改变；选择 Background color 命令可以改变模块的背景颜色，如图 10-15 所示。

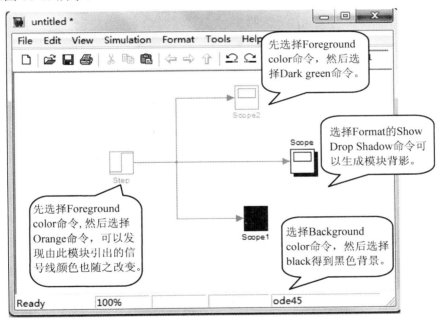

图 10-15　改变模块的颜色

注意：当要脱线移动模块时，要先按住 Shift 键，然后再进行拖动。

3) 模块的旋转

为了能够顺序连接功能模块的输入和输出端，功能模块有时需要转向。选中模块，在菜单 Format 中选择 Flip Block 命令旋转 180 度，选择 Rotate Block 命令顺时针旋转 90 度。

4. 模块名的处理

模块的名称在系统模型中必须是唯一，并且不可以不写。当模块名重复时，Simulink 会自动给模块编个序号。如当系统模型中有 3 个 Scope 时，Simulink 会把这 3 个模块分别命名为 "Scope"、"Scope1"、"Scope2"。而对模块名的处理一般有 "模块名的改变"、"模块名位置的改变" 和 "模块名的隐藏"，如图 10-16 所示。

1) 模块名的改变

用鼠标左键双击模块的名称，然后便可以在文本框中改变模块的名称。而如果所写的模块名与系统模型中已有的模块名称相同，那么 Simulink 发出错误信号。

2) 模块名位置的移动

改变模块名称位置的方法一般有两种。方法一，用鼠标左键选中模块名称，然后按住左键不放，拖动即可。方法二，右击鼠标，选择 Format 中的 Flip Name 命令。(注意：模块名称的位置不论怎么变都是在输入输出口的两侧)

3) 模块名的隐藏

模块名称的隐藏方法只有一种操作方式，就是通过选择 Format 中的 Hide Name 命令。

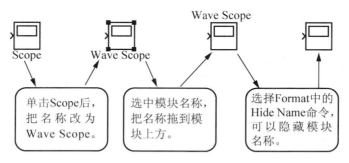

图 10-16　模块名的处理

10.2.3　模块的连接

当把建立系统模型所需要的模块都添加到系统模型编辑器时，这时候就要开始进行模块与模块之间的连接。

1. 连接两个模块

在模块之间连接一条线，不但有手动连接的方式，还有自动连接方式。具体的操作方法，介绍如下。

1) 手动连接的方法

把鼠标放在模块的输出端口，当箭头变为"＋"后，就可以按住鼠标左键，然后拖动鼠标到另一个模块的输入端，松开鼠标即可，如图 10-17 所示。

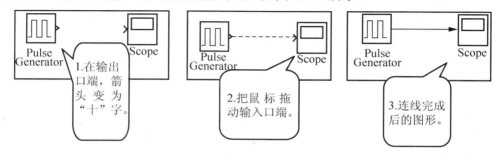

图 10-17　手动连接模块

2) 自动连接的方法

自动连接的方法：首先用鼠标左键选中源模块，然后按 Ctrl 键，最后用鼠标单击目标模块，这时候 Simulink 就会自动把线连上。但是很多情况下，要进行多个模块之间的连线，具体如下。

情形 1：如果有多个源模块与目标模块相连接时，可以用鼠标把这几个源模块选上，然后再按住 Ctrl 键，再用鼠标单击目标模块(图 10-18)。当然也可以先把一个模块一个模块地接线。只是前者的方法效率比较高效。

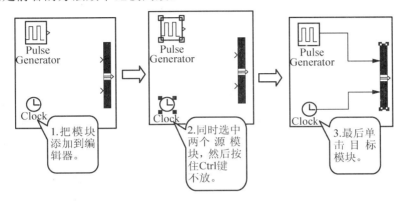

图 10-18　多个源块连到一个目标模块

情形 2：如果只有一个源模块，但是却有多个目标模块时。这时比较快捷的连线方式就是首先选中全部的目标模块，然后按住 Ctrl 键不放，最后用鼠标单击源模块即可，如图 10-19 所示。

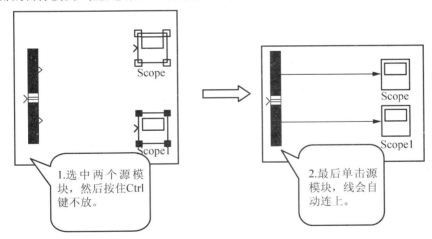

图 10-19　一个源模块连到多个目标模块

注意：如果只有一个源模块与一个目标模块相连接时，首先选中的必须是输出端口的源模块，然后再按 Ctrl 键，最后单击目标模块，否则将无法连线。

2. 移动模块间的连线

若想移动某一条信号线，单击选中此信号线，把鼠标放到目标线段上，则鼠标的形状变为移动图标。按住鼠标，并拖曳到新位置。放开鼠标，则信号线被移动到新的位置，如图 10-20 所示。

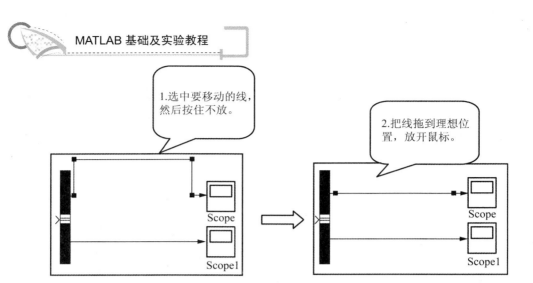

图 10-20　移动信号线

3. 连线的分支

如果要给信号线加分支，则只需将鼠标移动到分支的起点位置，然后按住 Ctrl 键＋鼠标左键不放，拖动鼠标到目标模块的输入端，释放鼠标和 Ctrl 键即可，如图 10-21 所示。

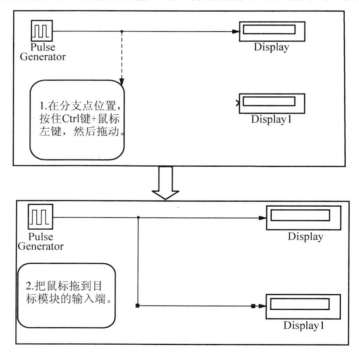

图 10-21　画信号线的分支

4. 标注连线

当系统模型中连线过多时，为了更好地读图，可以在各条连线中写个备注。标注连线的方法是双击需要标注的信号线，便会出现一个文本编辑框，可以在文本框中输入备注内容，如图 10-22 所示。

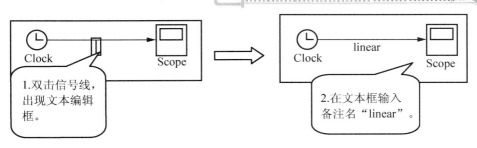

图 10-22　连线的标注

10.2.4　模块的参数和属性设置

1. 模块的参数设置

Simulink 中几乎所有模块的参数都允许用户进行设置，只要双击要设置的模块或在模块上按鼠标右键并在弹出的快捷菜单中选择相应模块的参数设置命令就会弹出模块参数对话框。该对话框分为两部分，上面一部分是模块功能说明，下面一部分用来进行模块参数设置。

同样，先选择要设置的模块，再在模型编辑窗口 Edit 菜单下选择相应模块的参数设置命令，也可以打开模块参数对话框，如图 10-23 所示。

2. 模块的属性设置

选定要设置属性的模块，然后在模块上按鼠标右键并在弹出的快捷菜单中选择 Block properties 命令，或先选择要设置的模块，再在模型编辑窗口的 Edit 菜单下选择 Block properties 命令，打开模块属性对话框。该对话框包括 General、Block annotation 和 Callbacks 3 个可以相互切换的选项卡。在选项卡中可以设置 3 个基本属性：Description(说明)、Priority(优先级) 、Tag(标记)，如图 10-24 所示。

图 10-23　模块的参数设置

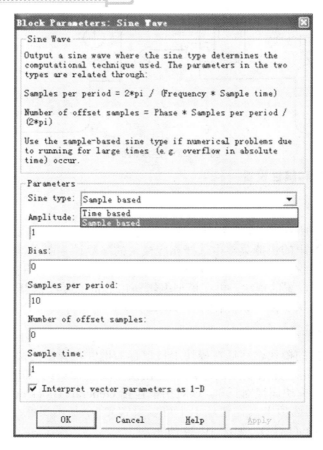

图 10-24　模块的属性设置

10.3　系统的仿真

10.3.1　设置仿真参数

打开系统仿真模型，从模型编辑窗口的 Simulation 菜单中选择 Simulation parameters 命令，打开一个仿真参数对话框，在其中可以设置仿真参数。仿真参数对话框包含 5 个可以相互切换的选项卡(图 10-25)。

(1) Solver 选项卡：用于设置仿真起始和停止时间，选择微分方程求解算法并为其规定参数，以及选择某些输出选项。

(2) Workspace I/O 选项卡：用于管理对 MATLAB 工作空间的输入和输出。

(3) Diagnostics 选项卡：用于设置在仿真过程中出现各类错误时发出警告的等级。

(4) Advanced 选项卡：用于设置一些高级仿真属性，更好地控制仿真过程。

(5) Real-time Workshop 选项卡：用于设置若干实时工具中的参数。如果没有安装实时工具箱，则将不出现该选项卡。

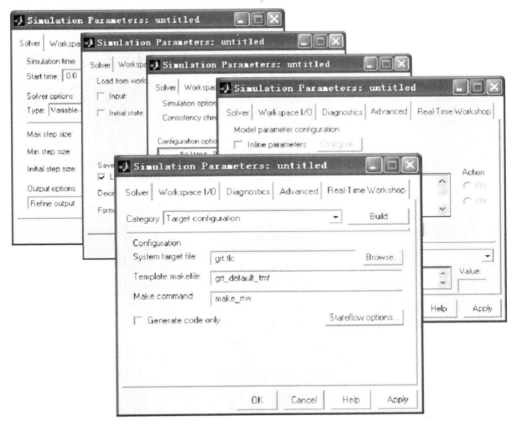

图 10-25　设置仿真参数

10.3.2　启动系统仿真与仿真结果分析

设置完仿真参数之后，从 Simulation 中选择 Start 菜单项或单击模型编辑窗口中的 Start Simulation 命令，便可启动对当前模型的仿真。此时，Start 菜单项变成不可选，而 Stop 菜单项变成可选，以供中途停止仿真使用。从 Simulation 菜单中选择 Stop 选项停止仿真后，Start 项又变成可选。

为了观察仿真结果的变化轨迹可以采用 3 种方法。

(1) 把输出结果送给 Scope 模块或者 XY Graph 模块。

(2) 把仿真结果送到输出端口并作为返回变量，然后使用 MATLAB 命令画出该变量的变化曲线。

(3) 把输出结果送到 To Workspace 模块，从而将结果直接存入工作空间，然后用 MATLAB 命令画出该变量的变化曲线。

【例 10-2】建立一个生长在罐中的细菌简单模型。

解：假定细菌的出生率和当前细菌的总数成正比，死亡率和当前的总数的平方成正比。若以 x 代表当前细菌的总数，则细菌的出生率可表示为

$$birth\_rate = bx$$

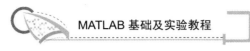

细菌的死亡率可表示为

$$death\_rate = px^2$$

细菌总数的总变化率可表示为出生率与死亡率之差。因此系统可用如下微分方程表示。

$$\dot{x} = bx - px^2 \tag{1}$$

假定，$b = 1/hour$，$p = 0.5/hour$，当前细菌的总数为 100，计算一个小时后罐中的细菌总数。

模型分析：首先，这是一个一阶系统，因此用一个解微分方程的积分模块是必要的。积分模块的输入为 $\dot{x}$(也即(1)式的右边项)，输出为 x 如图 10-26 所示。

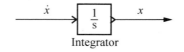

图 10-26　积分模块

其次，需要一个乘法模块(Product)以实现 x^2，需要 2 个增益模块(Gain)来实现 px^2 和 bx(即分别将 x^2 和 x 增益 p 和 b 倍)，需要一个求和模块(Sum)实现 $bx - px^2$。最后需要一个示波器模块(Scope)用于显示输出。所需各模块如图 10-27 所示。

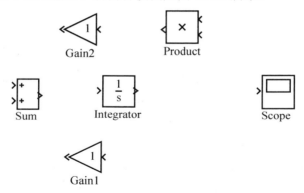

图 10-27　所需模块

步骤一：新建模型窗口

依次选择 Simulink 库浏览器的 File→New→Model 命令，建立一个新的模型窗口。

步骤二：选择功能模块

从连续系统模块库(Continuous)中拖放一个积分模块到模型窗口；从数学库(Math)中分别拖放一个乘法模块、一个增益模块、一个求和模块到模型窗口；最后从显示输出库(Sinks)拖放一个示波器模块到模型窗口。在模型窗口中选中增益模块(Gain)，按住 Ctrl 键的同时拖动鼠标，在适当的位置释放，即可复制出第二个增益模块。最后将以上各模块进行合理布局，如图 10-27 所示。

步骤三：信号线连接

按照前述的方法将各模块之间连接起来，如图 10-28 所示。

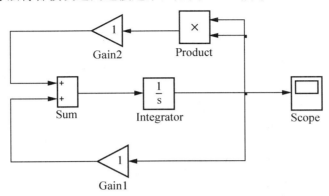

图 10-28　信号线连接

步骤四：模块参数的设置

按图 10-29 所示设置模块的运行参数。

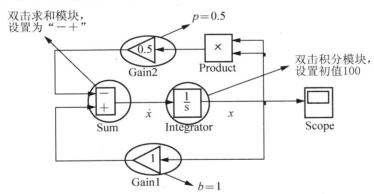

图 10-29　设置模块参数

其他的仿真参数采用系统默认值即可。仿真的起始时间默认为 0，终止时间默认为 10.0。若需要改变仿真时间，可打开仿真参数设置对话框(选择 Simulation→Configuration Parameters 命令)，设置 Star time 和 Stop time 即可。

步骤五：保存模型

单击"保存"按钮保存模型。

步骤六：运行仿真

单击模型窗口中的 ▶ 按钮，运行仿真。仿真结束后，双击示波器模块，可观察到仿真的结果曲线，如图 10-30 所示。

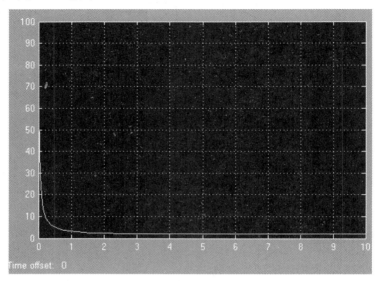

图 10-30　仿真曲线

10.3.3　系统仿真实例

至此，可以总结出利用 Simulink 进行系统仿真的步骤如下。

(1) 建立系统仿真模型，包括添加模块、设置模块参数以及进行模块连接等操作。

(2) 设置仿真参数。

(3) 启动仿真并分析仿真结果。

【例 10-3】使用 Simulink 创建系统，求解非线性微分方程 $(3x-2x^2)\dot{x}-4x=4\ddot{x}$，其初始值为 $x(0)=0$，$x(0)=2$，绘制函数的波形。

解：分析方程式可知，这是二阶系统，所以有两个积分模块，如图 10-31 所示。

图 10-31　积分模块

此外还需要一个乘法模块、一个增益模块、两个求和模块。

步骤一：新建模型窗口

依次选择 Simulink 库浏览器的 File→New→Model 命令，建立一个新的模型窗口。

步骤二：选择功能模块

从连续系统模块库(Continuous)中拖放一个积分模块到模型窗口，第二个积分模块可以复制；从数学库(Math)中分别拖放一个乘法模块、一个增益模块、一个求和模块到模型窗口；从 user-defined functions 库调用一个 Fcn 模块；从显示输出库(Sinks)拖放一个示波器模块到模型窗口。最后将以上各模块进行合理布局。

步骤三：信号线连接

按照前述的方法将各模块之间连接起来。

步骤四：模块参数的设置

按图 10-32 所示设置模块的运行参数。

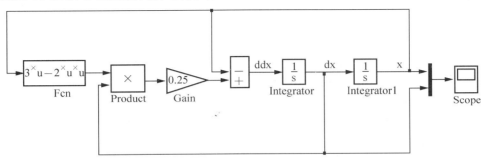

图 10-32　模块参数

步骤五：保存模型

单击"保存"按钮保存模型。

步骤六：运行仿真

单击模型窗口中的 ▶ 按钮，运行仿真。仿真结束后，双击示波器模块，可观察到仿真的结果曲线，如图 10-33 所示。

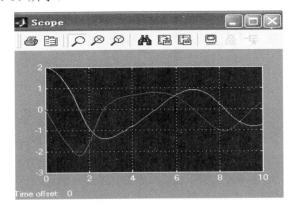

图 10-33　仿真曲线

10.4　使用命令操作对系统进行仿真

从命令窗口运行仿真的函数有 4 个，即 sim、simset、simget 和 set_param。

1. sim 函数

sim 函数的作用是运行一个由 Simulink 建立的模型，其调用格式为

```
[t,x,y]=sim(modname,timespan,options,data);
```

2. simset 函数

simset 函数用来为 sim 函数建立或编辑仿真参数或规定算法，并把设置结果保存在一个结构变量中。它有如下 4 种用法。

(1) options＝simset(property，value，…)：把 property 代表的参数赋值为 value，结果保存在结构 options 中。

(2) options＝simset(old_opstruct，property，value，…)：把已有的结构 old_opstruct(由 simset 产生)中的参数 property 重新赋值为 value，结果保存在新结构 options 中。

(3) options＝simset(old_opstruct，new_opstruct)：用结构 new_opstruct 的值替代已经存在的结构 old_opstruct 的值。

(4) imset：显示所有的参数名和它们可能的值。

3. simget 函数

simget 函数用来获得模型的参数设置值。如果参数值是用一个变量名定义的，simget 返回的也是该变量的值而不是变量名。如果该变量在工作空间中不存在(即变量未被赋值)，则 Simulink 给出一个出错信息。该函数有如下 3 种用法。

(1) struct＝simget(modname)：返回指定模型 model 的参数设置的 options 结构。

(2) value＝simget(modname,property)：返回指定模型 model 的参数 property 的值。

(3) value＝simget(options,property)：获取 options 结构中的参数 property 的值。如果在该结构中未指定该参数，则返回一个空阵。

用户只需输入能够唯一识别它的那个参数名称的前几个字符即可，对参数名称中字母的大小写不作区别。

4. set_param 函数

set_param 函数的功能很多，这里只介绍如何用 set_param 函数设置 Simulink 仿真参数以及如何开始、暂停、终止仿真进程或者更新显示一个仿真模型。

1) 设置仿真参数
调用格式为

```
set_param(modname,property,value,…)
```

其中，modname 为设置的模型名，property 为要设置的参数，value 是设置值。这里设置的参数可以有很多种，而且和用 simset 设置的内容不尽相同，相关参数的设置可以参考有关资料。

2) 控制仿真进程

调用格式为

```
set_param(modname,'SimulationCommand','cmd')
```

其中 modname 为仿真模型名称，而 cmd 是控制仿真进程的各个命令，包括 start、stop、pause、comtinue 或 update。

在使用这两个函数的时候，需要注意必须先把模型打开。

10.5　子系统及其封装技术

10.5.1　子系统的建立

建立子系统有两种方法：通过 Subsystem 模块建立子系统和通过已有的模块建立子系统，如图 10-34 所示。

两者的区别是：前者先建立子系统，再为其添加功能模块；后者先选择模块，再建立子系统。

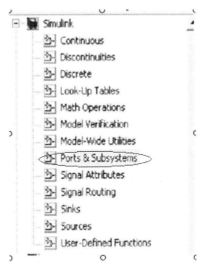

图 10-34　子系统函数

1. 通过 Subsystem 模块建立子系统(图 10-35)

操作步骤如下。

(1) 先打开 Simulink 模块库浏览器，新建一个仿真模型。

(2) 打开 Simulink 模块库中的 Ports & Subsystems 模块库，将 Subsystem 模块添加到模型编辑窗口中。

（3）双击 Subsystem 模块打开一个空白的 Subsystem 窗口，将要组合的模块添加到该窗口中，另外还要根据需要添加输入模块和输出模块，表示子系统的输入端口和输出端口。这样，一个子系统就建好了，如图 10-36 所示。

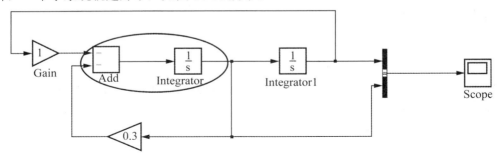

图 10-35　这是没有子系统的系统模型

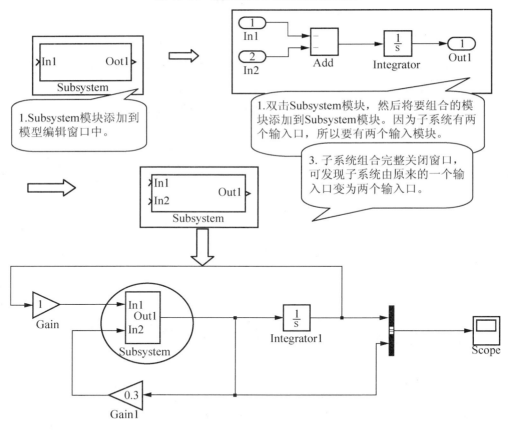

图 10-36　通过 Subsystem 模块建立子系统步骤

2．通过已有的模块建立子系统

操作步骤如下。

（1）先选择要建立子系统的模块，不包括输入端口和输出端口。

(2) 选择模型编辑窗口 Edit 菜单中的 Create Subsystem 命令，这样子系统就建好了。在这种情况下，系统会自动把输入模块和输出模块添加到子系统中，并把原来的模块变为子系统的图标(图 10-37)。子系统内部模块如图 10-38 所示。

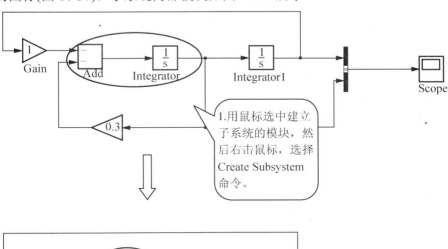

1.用鼠标选中建立子系统的模块，然后右击鼠标，选择 Create Subsystem 命令。

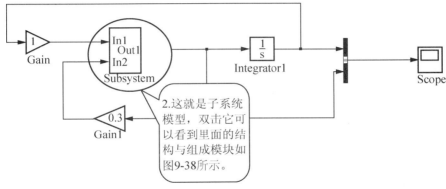

2.这就是子系统模型，双击它可以看到里面的结构与组成模块如图9-38所示。

图 10-37　通过已有的模块建立子系统步骤

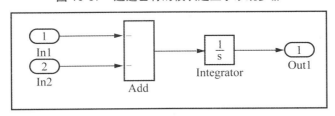

图 10-38　图 10-37 子系统内部结构

【例 10-4】在一通信系统中，发送方首先使用高频正弦波对一低频锯齿波进行幅度调制，然后在无损信道中传递此幅度调制信号；接收方在接收到幅度调制信号后，首先对其进行解调，然后使用低通数字滤波器对解调后的信号进行滤波以获得低频锯齿波信号。

$$\frac{Y(z)}{U(z)} = \frac{0.04 + 0.08z^{-1} + 0.04z^{-2}}{1 - 1.6z^{-1} + 0.7z^{-2}} \qquad \frac{Y(s)}{U(s)} = \frac{1}{10^{-9}s^2 + 10^{-3}s + 1}$$

解：操作步骤如下。

步骤一：建立数字滤波器系统模型

这里使用简单的通信系统说明低通数字滤波器的功能。在此系统中，发送方首先使用高频正弦波对一低频锯齿波进行幅度调制，然后在无损信道中传递此幅度调制信号；接收方在接收到幅度调制信号后，首先对其进行解调，然后使用低通数字滤波器对解调后的信号进行滤波以获得低频锯齿波信号。

步骤二：建立此系统模型所需要的系统模块

主要有：Sources 模块库中的 Sine Wave 模块，用来产生高频载波信号 Carrier 与解调信号 Carrier1；Sources 模块库中的 Signal Generator 模块，用来产生低频锯齿波信号 Sawtooth；Discrete 模块库中的 Discrete Filter 模块，用来表示数字滤波器；Math 模块库中的 Product 模块，用来完成低频信号的调制与解调。

10.5.2　子系统的条件执行

1．使能(Enabled)子系统

使能子系统表示子系统在由控制信号控制时，控制信号由负变正时子系统开始执行，直到控制信号再次变负时结束。控制信号可以是标量也可以是向量。如果控制信号是标量，则当标量的值大于 0 时子系统开始执行。如果控制信号是向量，则向量中任何一个元素大于 0，子系统将执行。

建立使能子系统的方法是：打开 Simulink 模块库中的 Ports & Subsystems 模块库，将 Enable 模块复制到子系统模型中，则系统的图标发生了变化。Enable 模块只能用在子系统中，如图 10-39 所示。

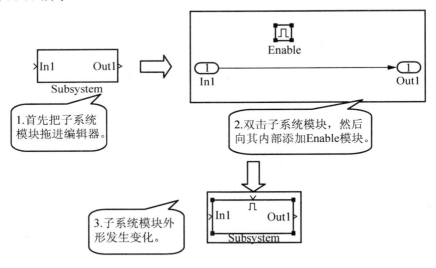

图 10-39　使能子系统

【例 10-5】利用 4 个离散模块和一个控制信号,演示 Simulink 中使能子系统的工作原理。

解：操作步骤如下。

步骤 1：分析系统模块，在本系统中包含的 4 个离散模块如下。

Unit Delay A 模块，采样时间为 0.25。

Unit Delay B 模块，采样时间为 0.5。

Unit Delay C 模块，在使能子系统内，采样时间为 0.125。

Unit Delay D 模块，在使能子系统内，采样时间为 0.25。

步骤 2：修改模块的属性和模块名称，如图 10-40 所示。

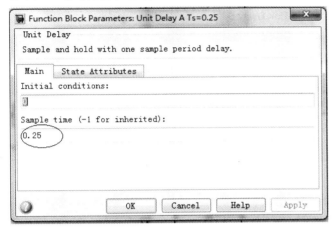

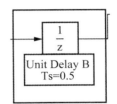

图 10-40　修改模块属性和名称

步骤 3：添加系统模块，得到的结果图如图 10-41 所示。

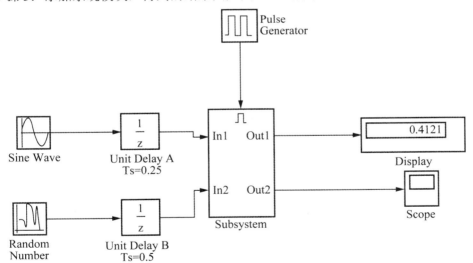

图 10-41　添加系统模块

步骤 4：添加子系统模块，双击子系统，然后在打开的模块编辑框里添加子系统模块，如图 10-42 所示。

步骤 5：设置 Enable 模块的属性，双击 Enable 模块，从而可以设置模块的相关属性，如图 10-43 所示。

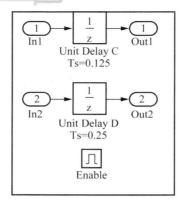

图 10-42　子系统模块

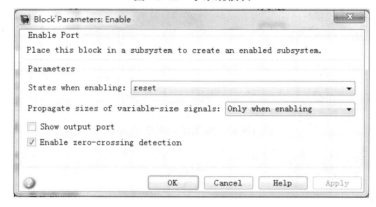

图 10-43　设置模块属性

步骤 6：设置方形波属性。在上面系统中，控制信号是方波，该方形波的数值在 0.375 秒从 0 变为 1，在 0.875 秒从 1 变到 0，该模块的属性对话框如图 10-44 所示。

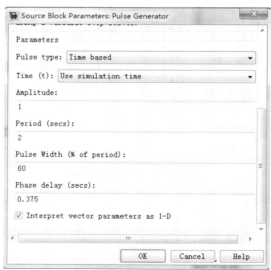

图 10-44　属性对话框

步骤 7：保存系统，然后运行系统仿真，将仿真时间设置为 20，单击模块对话框中的"开始仿真"按钮，此时就会运行系统，得到仿真结果如图 10-45 所示。

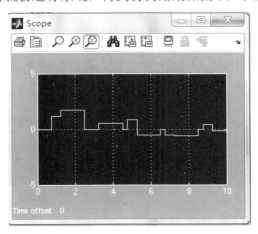

图 10-45　仿真结果

2. 触发子系统

触发子系统是指当触发事件发生时开始执行子系统。它在外观上有一个"触发"控制信号输入口，仅当输入信号所定义的某个事件发生时，该模块才开始接受 In 输入端的信号。与使能子系统相类似，触发子系统的建立要把 Ports & Subsystems 模块库中的 Trigger 模块添加到子系统中或直接选择 Triggered Subsystem 模块来建立触发子系统。

常用的"触发信号"有如下 3 个。

rising 上升沿触发：触发信号以增长的方式穿过零值时，子系统开始接收输入值。

Falling 下降沿触发：触发信号以减小的方式穿过零值时，子系统开始接收输入值。

Either 任意沿触发：只要发生上面两种情况的其中一种，子系统开始接收输入值。

【例 10-6】利用触发子系统获取正弦波的采样信号实例。

解：操作步骤如下。

(1) 用 Sine Wave、Signal Generator、Triggered Subsystem 和 Scope 模块构成子系统。最终的模型如图 10-46 所示。

(2) 选择 Simulink 菜单中的 Start 命令，就可看到波形如图 10-47 所示。

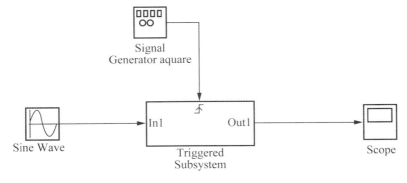

图 10-46　模型

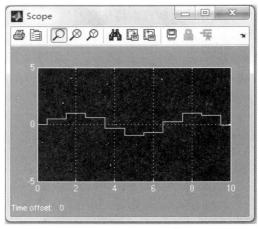

图 10-47　仿真波形

3．使能加触发子系统

所谓使能加触发子系统就是把 Enable 和 Trigger 模块都加到子系统中，使能控制信号和触发控制信号共同作用子系统的执行，也就是前两种子系统的综合。该系统的行为方式与触发子系统相似，但只有当使能信号为正时，触发事件才起作用。

10.5.3　子系统的封装

所谓子系统的封装(Masking)，就是为子系统定制对话框和图标，使子系统本身有一个独立的操作界面，把子系统中的各模块的参数对话框合成一个参数设置对话框，在使用时不必打开每个模块进行参数设置，这样使子系统的使用更加方便。

子系统的封装过程很简单，先选中所要封装的子系统，再选择模型编辑窗口 Edit 菜单中的 Mask Subsystem 命令，这时将出现封装编辑器(Mask Editor)对话框。Mask Editor 对话框中共包括 4 个选项卡：Icon、Parameters、Initialization 和 Documentation。子系统的封装主要就是对这 4 项参数进行设置。

　导入案例

建一个数学模型

已知某被控对象数学模型为 $G(S) = \dfrac{6}{(S+1)(S+2)(S+3)}$，现假定系统的模型未知，反馈元件传递函数为 $H(S)=1$，试设计一个一维模糊控制器对其进行控制，并对其进行仿真分析。

思路与解法如下。

(1) 对原被控对象进行阶跃响应仿真分析。建立如图 10-48 所示的仿真模型，设置 Zero-Pole 模块中 Zeros 参数为[]，Poles 参数为[−1 −2 −3]，Gain 参数为[6]，得到仿真结果，如图 10-49 所示。可见该系统对阶跃信号输入，稳态误差为 0.5。

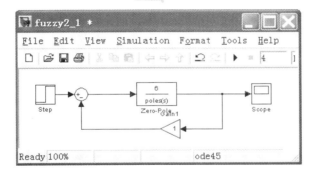

图 10-48　系统仿真模型

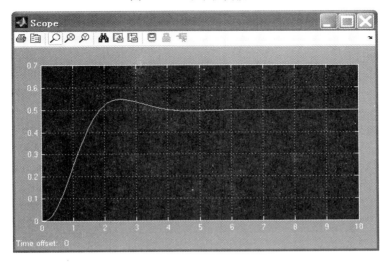

图 10-49　原始系统的阶跃响应，稳态误差为 0.5

(2) 分析被控对象，确定被控量和设计指标。一维模糊控制器的输入信号为 e，则设其模糊语言变量为 E，模糊论域为 $[-5,5]$，在单位阶跃信号输入下，实际论域为 $[-0.5,0.5]$，则其量化因子 $Ke=\dfrac{(5-(-5))}{(0.5-(-0.5))}=10$。输出模糊语言变量为 DU，模糊论域为 $[-10,10]$，实际论域为 $[-1,1]$，则量化因子 $K_u=\dfrac{(1-(-1))}{(10-(-10))}=0.1$。量化因子对控制系统的动态性能和稳态性能的影响比较大，在仿真过程中还可以根据实际情况进行更改。

将输入模糊语言变量的语言值设为 7 个，即 { 负大(NB)，负中(NM)，负小(NS)，零(Zero)，正小(PS)，正中(PM)，正大(PB)}。

将输出模糊语言变量的语言值也设为 7 个，即 { 负大(NB)，负中(NM)，负小(NS)，零(Zero)，正小(PS)，正中(PM)，正大(PB)}。

(3) 在 Command Window 窗口中输入 fuzzy 命令，打开 FIS 编辑器，设定模糊语言变量及其属性，如图 10-50 所示。图 10-50 显示的是 Mamdani(曼达尼)一维模糊推理系统。如果要生成 Sugeno(苏杰瑙)推理系统，则在 FIS 编辑器窗口选择 File→New FIS→Sugeno 命令，系统弹出如图 10-51 所示的 Sugeno FIS Editor。如果要建立二维模糊推理系统，则在 FIS 编辑器窗口选择 Edit→Add Variable→Input 命令，则会变成二维模糊推理系统。

设定输入语言变量的隶属函数，双击图 10-50 中的输入变量模框(图中左上框)，会弹出如图 10-52 所示的 Membership Function Editor(隶属函数编辑)窗口。可以定义输入语言变量的论域范围，以及添加各隶属函数、编辑隶属函数种类和取值范围。

设定输出语言变量的隶属函数，双击图 10-50 中的输出变量模框(图中右上框)，会弹出如图 10-53 所示的 Membership Function Editor(隶属函数编辑)窗口。可以定义输出语言变量的论域范围，以及添加各隶属函数、编辑隶属函数种类和取值范围。

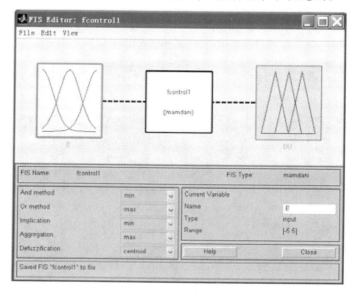

图 10-50　FIS Editor 窗口

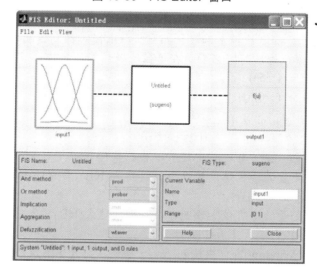

图 10-51　Sugeno FIS Editor 窗口

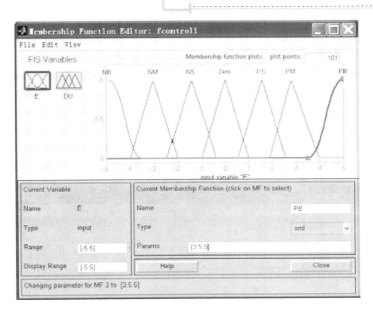

图 10-52　Membership Function Editor 窗口 1

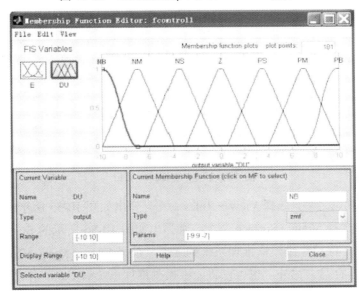

图 10-53　Membership Function Editor 窗口 2

(4) 生成模糊规则 MATLAB。一维模糊控制器规则比较简单，根据自动控制理论和实际操作的情况设定模糊规则。例如当偏差 E 为 PB(正大)时，说明 $e=r-y$ 为正大，即被控量反馈值远没有达到设定值，所以应该加大控制量，且增大的幅度为正大。其他的以此类推，共得到以下 7 条规则。

Rule1：如果偏差 E 为 PB，则输出控制量增量 DU 为 PB。

Rule2：如果偏差 E 为 PM，则输出控制量增量 DU 为 PM。

Rule3：如果偏差 E 为 PS，则输出控制量增量 DU 为 PS。

Rule4：如果偏差 E 为 Zero，则输出控制量增量 DU 为 Z。

Rule5：如果偏差 E 为 NS，则输出控制量增量 DU 为 NS。

Rule6：如果偏差 E 为 NM，则输出控制量增量 DU 为 NM。

Rule7：如果偏差 E 为 NB，则输出控制量增量 DU 为 NB。

双击图 10-49 中规则控制框(图中上部中间框)，弹出如图 10-54 所示 Rule Editor(模糊规则编辑器)窗口，设置模糊规则。

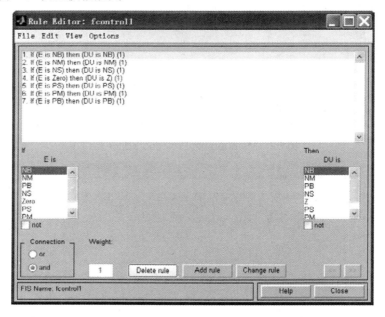

图 10-54　Rule Editor 窗口

设置完模糊规则之后，选择 View→Rules 命令，弹出如图 10-55 所示的 Rule Viewer(规则观测器)窗口。选择 View→Surface 命令，则弹出如图 10-56 所示的 Surface Viewer(输入输出观测器)窗口。保存一维模糊推理系统到磁盘，选择 File→Export→To File 命令，以文件名"Fcontrol1"存盘，另外，也可以将一维模糊推理系统引出到工作空间，选择 File→Export→To Workspace 命令，生成"Fcontrol1"的结构。

(5) 一维模糊控制系统的 Simulink 仿真。打开一个新的模型窗口，建立如图 10-57 所示的一维模糊控制系统的仿真模型，双击 Fuzzy Logic Controller with Ruleviewer 模块，输入已经建立的模糊推理系统文件或者结构名为"Fcontrol1"。设置仿真时间为 100，运行仿真。设置 $Ke=10$，$Ku=0.1$，发现仿真振荡过大，如图 10-58 所示。考虑原因在于控制信号增量过大，因此减小其实际变化范围，调整 $Ku=0.025$ 继续仿真，得到如图 10-59 所示阶跃响应曲线。

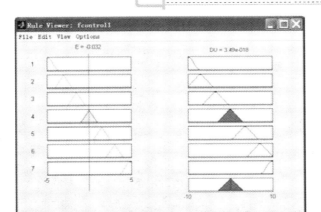

图 10-55　Rule Viewer 窗口

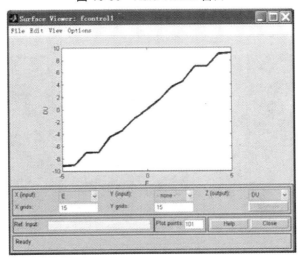

图 10-56　Surface Viewer 窗口

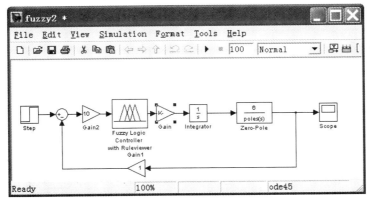

图 10-57　一维模糊控制系统仿真模型

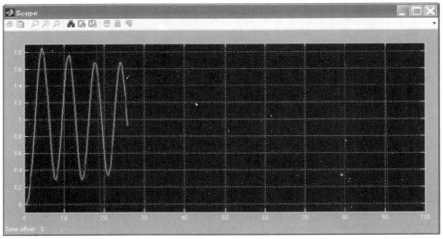

图 10-58　初步设定参数时的仿真情况

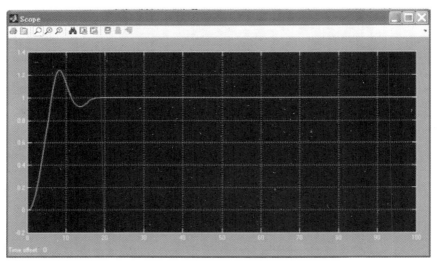

图 10-59　参数调整后的仿真情况

知识拓展

Simulink 简介

　　Simulink 是 MATLAB 软件下的一个附加组件，是一个用来对动态系统进行建模、仿真和分析的 MATLAB 软件包，支持连续、离散以及两者混合的线性和非线性系统，同时它也支持具有不同部分、拥有不同采样率的多种采样速率的仿真系统。在其下提供了丰富的仿真模块。其主要功能是实现动态系统建模、方针与分析，可以预先对系统进行仿真分析，按仿真的最佳效果来调试及整定控制系统的参数。Simulink 仿真与分析的主要步骤按先后顺序为：从模块库中选择所需要的基本功能模块，建立结构图模型，设置仿真参数，

进行动态仿真并观看输出结果，针对输出结果进行分析和比较。

　　Simulink 模块库提供了丰富的描述系统特性的典型环节，有信号源模块库(Sources)、接收模块库(Sinks)、连续系统模块库(Continuous)、离散系统模块库(Discrete)、非连续系统模块库(Signal Routing)、信号属性模块库(Signal Attributes)、数学运算模块库(Math Operations)、逻辑和位操作库(Logic and Bit Operations)等，此外还有一些特定学科仿真的工具箱。

　　Simulink 为用户提供了一个图形化的用户界面(GUI)。对于用方框图表示的系统，通过图形界面，利用鼠标单击和拖拉方式，建立系统模型就像用铅笔在纸上绘制系统的方框图一样简单，它与用微分方程和差分方程建模的传统仿真软件包相比，具有更直观、更方便、更灵活的优点。不但实现了可视化的动态仿真，也实现了与 MATLAB、C 或者 Fortran 语言，甚至和硬件之间的数据传递，大大扩展了它的功能。

习　题　十

　　1. 建立如图 10-60(a)所示的仿真模型进行仿真。改变 Gain 模块的增益，观察 Scope 显示波形的变化。用 Silder Gain 模型取代 Gain 模型，重复上述操作。

　　解：1) Gain 模块

　　当增益为 1 时，输出如图 10-60(b)所示。

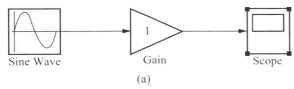

(a)

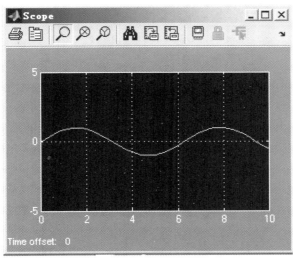

(b)

图 10-60　增益为 1

当增益为 5 时，输出如图 10-61(b)所示。

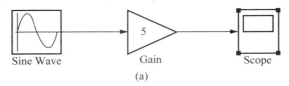

(a)

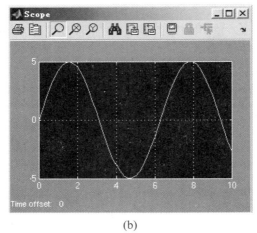

(b)

图 10-61　增益为 5

2) Silder Gain 模型

当增益为 1 时，输出如图 10-62(b)所示。

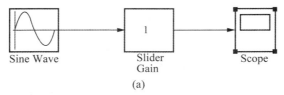

(a)

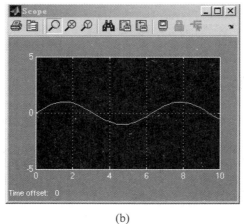

(b)

图 10-62　增益为 1

当增益为 1.629 时，输出如图 10-63(b)所示。

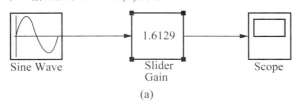

(a)

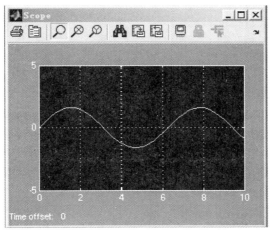

(b)

图 10-63　增益为 1.629

2．建立如图 10-63(a)所示的仿真模型并进行仿真。改变 Slider Gain 模型的增益，观察 x－y 波形的变化，用浮动的 Scope 模块的观测各点波形。

解：1) XY　Graph

当增益为 1 时，波形如图 10-64 所示。

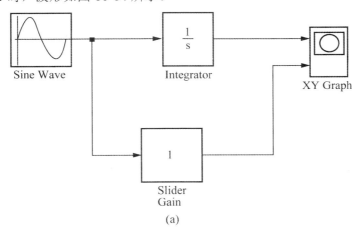

(a)

图 10-64　增益为 1 时 x－y 波形变化

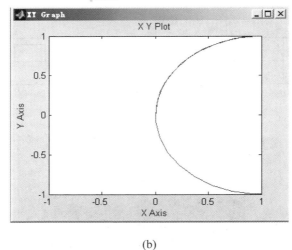

(b)

图 10-64　增益为 1 时 $x-y$ 波形变化(续)

当增益为 1.4931 时，波形如图 10-65(b)所示。

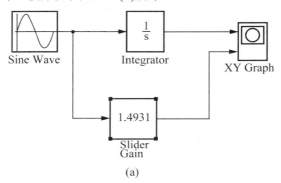

(a)

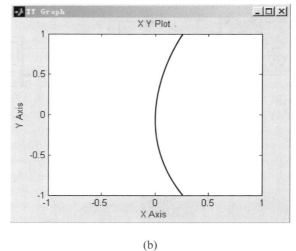

(b)

图 10-65　增益为 1.4931 时 $x-y$ 波形

2）Floating Scope

当增益为 1 时，波形如图 10-66(b)所示。

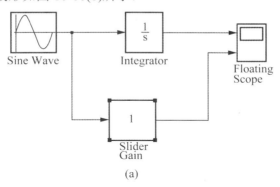

(a)

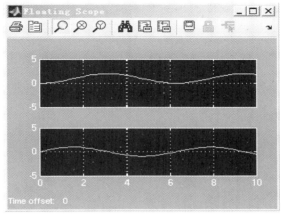

(b)

图 10-66　增益为 1 时 $x-y$ 波形

当增益为 1.4931 时，波形如图 10-67(b)所示。

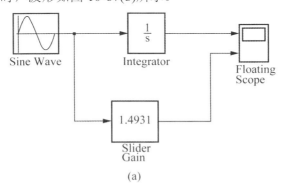

(a)

图 10-67　增益为 1.4931 时 $x-y$ 波形

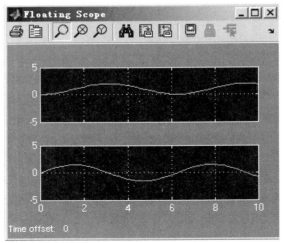

(b)

图 10-67　增益为 1.4931 时 $x-y$ 波形(续)

附录：

Simulink 的库模块详解

Demos library	演示子库
Simulink	SIMULINK 基本库

信宿模块子库 Sinks

Display	数值显示模块
Scope	示波模块
Sinks	信宿模块子库
Stop	终止仿真
To File	把数据保存为文件
To Workspace	把数据写成为矩阵变量
XY Graph	显示 X-Y 图形

信源模块子库 Sources

Clock	连续仿真时钟模块
Constant	恒值输出模块
From File	从文件读数据
From Workspace	从内存读数据
Pulse	脉冲发生器
Signal Generator	信号发生器
Sine Wave	正弦波输出

连续模块子库 Continuous

Continuous	连续模块子库
Derivative	求导数模块
Integrator	连续函数积分
Memory	记忆模块
State-Space	状态方程模块
Transfer Fcn	传递函数模块

离散模块子库 Discrete

Discrete	离散模块子库
Discrete Filter	离散滤波器模块
Discrete-Time Integrator	离散时间积分模块
Discrete Transfer Fcn	离散传递函数模块
Discrete Zero-Pole	离散零极点增益模块
Unit Delay	单位延迟模块
Zero-Order Hold	零阶保持模块

解析函数和查表函数模块子库 Functions & Tables

Fcn	C 语言格式的任意函数模块
Functions & Tables	解析函数和查表函数模块子库
Matlab Fcn	MATLAB 语言格式的任意函数
Look-Up Table	一维查表函数模块
Look-Up Table(2-D)	二维查表函数模块

一般数学函数子库 Math

Abs	取绝对值模块
Combinatorial Logic	组合逻辑模块
Gain	增益模块
Logical	逻辑运算模块
MinMax	取极大值或极小值的模块
Math	一般数学函数子库
Mux	复用模块
Product	乘法器
Relational	关系运算模块
Sign	符号取值模块
Slider	滑键增益模块
Sum	求和模块

非线性模块子库 Nonlinear

Dead Zone	死区非线性模块
Nonlinear	非线性模块子库
Relay	继电器非线性模块
Saturation	饱和非线性模块

信号和系统模块子库 Signal & Systems

Demux	分用模块
Enable	使能模块
Ground	接地模块
In1	输入端口模块
Merge	汇合模块
Out1	输出端口模块
Signal & Systems	信号和系统模块子库
SubSystem	子系统模块
Trigger	触发模块
Terminator	终端模块

实验十 Simulink 的应用

实验目的：

1. 熟悉 Simulink 的操作环境并掌握绘制系统模型的方法。
2. 掌握 Simulink 中子系统模块的建立与封装技术。
3. 对简单系统所给出的数学模型能转换为系统仿真模型并进行仿真分析。

实验要求：

1. 通过实验熟悉 Simulink 的操作环境并掌握绘制系统模型的方法。
2. 通过实验掌握 Simulink 中子系统模块的建立与封装技术。
3. 通过实验对简单系统所给出的数学模型能转换为系统仿真模型并进行仿真分析。

实验内容：

1. 建立如图 SY10-1 所示的系统模型并进行仿真，仿真结果如图 SY10-2 所示。

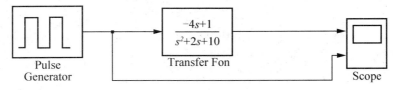

图 SY10-1　控制系统模型

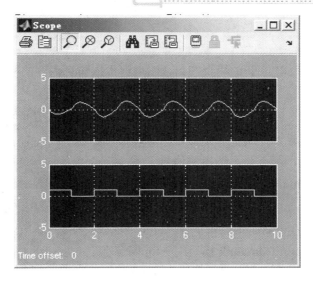

图 SY10-2　仿真结果

2. 本次实验任务是学习使用 Simulink 对数字电路进行仿真和设计——8 线 3 线编码器的设计。所谓 8 线 3 线编码器是指有 8 个信号输入端和 3 个输出端的编码器，其功能是对输入的 8 个信号进行编码，输出 3 个二进制数。

8 线 3 线编码器的真值表见表 SY10-1。

表 SY10-1　8 线 3 线编码器真值表

输入信号								输出信号		
J0	J1	J2	J3	J4	J5	J6	J7	Y0	Y1	Y2
0	1	1	1	1	1	1	1	0	0	0
1	0	1	1	1	1	1	1	0	0	1
1	1	0	1	1	1	1	1	0	1	0
1	1	1	0	1	1	1	1	0	1	1
1	1	1	1	0	1	1	1	1	0	0
1	1	1	1	1	0	1	1	1	0	1
1	1	1	1	1	1	0	1	1	1	0
1	1	1	1	1	1	1	0	1	1	1

根据真值表写出输入输出间的逻辑函数如下。

$$\begin{cases} Y0 = \overline{J4 \cdot J5 \cdot J6 \cdot J7} \\ Y1 = \overline{J2 \cdot J3 \cdot J6 \cdot J7} \\ Y2 = \overline{J1 \cdot J3 \cdot J5 \cdot J7} \end{cases}$$

下面使用 Simulink 来实现这个数字电路系统，一共分 3 个步骤。

步骤一：添加模块

首先按照前述方法建立新的模型窗口，然后将本次仿真需要的模块添加到模型中。这里一共需要 3 种模块。

(1) 逻辑运算模块——与非门(3 个)，用于实现编码器输入信号间的逻辑运算功能。

(2) 离散脉冲源(8 个)，用于 8 个端口的脉冲信号输入。

(3) 示波器(3 个)，用于显示输出的信号。

上述各模块在 simulink 模块库中的位置如下。

与非门模块(Logical Operator)：Simulink 模块库→Logic and Bit Operations 子库。

离散脉冲源模块(Pulse Generator)：Simulink 模块库→Sources 子库。

示波器模块(Scope)：Simulink 模块库→Sinks 子库。

按照上述位置，找到相应模块，将其复制到模型窗口当中，如图 SY10-3 所示。

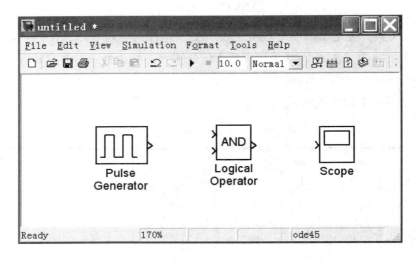

图 SY10-3　模块

下面将模块的数量凑齐。

(1) 单击逻辑运算模块(Logical Operator)的名称，将其更名为 $Y0$，以方便识别，接着选中该模块，按住 Ctrl 键，同时拖动鼠标到新的位置释放，此时将复制出一个名为 $Y1$ 的逻辑模块，按照此法，再复制出 $Y2$。

(2) 将脉冲源的名字改为 $J0$，按后按住 Ctrl 键拖动 7 次，可得到 8 个离散脉冲源，名字分别是 $J0$、$J1$、…、$J7$；最后依此法将示波器复制 3 个，这样所需的模块数量都已备齐。再将这些模块适当布局，如图 SY10-4 所示。

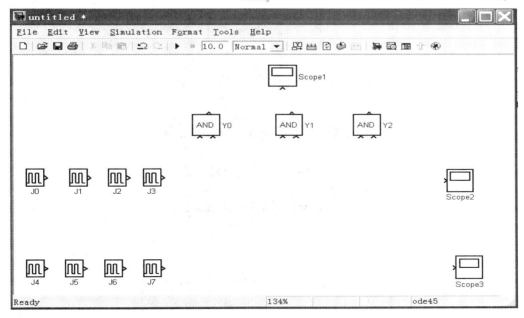

图 SY10-4　配齐模块

步骤二：修改模块参数

(1) 首先双击逻辑模块 *Y0*，打开模块参数设置对话框，如图 SY10-5 所示。将参数 Operator 修改为 NAND(与非)，输入节点数(Number of input ports)修改为 4，然后单击 OK 按钮；其他两个逻辑模块 *Y1* 和 *Y2* 也做同样修改。

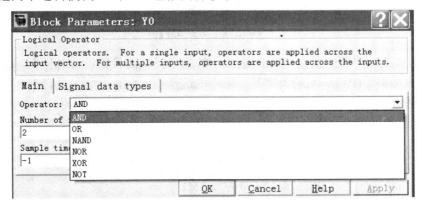

图 SY10-5　模块参数对话框

(2) 双击示波器模块 Scope1，打开一个界面，单击 Parameter 图标(图 SY10-6)，可以打开示波器的参数设置对话框(图 SY10-7)，将坐标轴的数目(Number of axes)修改为 3，这样做的目的是同时显示 3 幅图形(即 3 个与非门的输出信号波形)。同样地，将另外两个示波器 Scope2 和 Scope3 的坐标轴数目修改为 4。

单击该图标

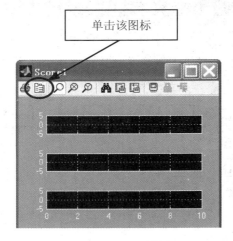

图 SY10-6　示波器

图 SY10-7　示波器参数

(3) 最后修改脉冲源的属性。双击脉冲源 *J0*,弹出模块的参数设置对话框,如图 SY10-8 所示。选择脉冲类型(Pulse type)为 "基于采样(Sample based)"。接下来有 5 个参数需要设置,分别解释如下。

Amplitude	脉冲信号的幅度
Period	脉冲信号的周期(以样本数为单位)
Pulse width	脉冲宽度(即电平为 1 的时间,以样本数为单位)
Pulse delay	相位延迟(以样本数为单位)
Sample time	采样时间长度

观察本例的真值表,注意到信号 *J0~J7* 的长度为 8,且 *J0* 到 *J7* 依次为低电平,所以将 *J0* 到 *J7* 的周期设为 8,脉冲宽度设为 7,相位延迟依次设为 −7 到 0,脉冲幅度和采样时间使用默认值。这样在零时刻,*J0* 为低电平,其余输入为高电平;经过一个采样时间后,*J1* 变为低电平,如此持续下去,到第 7 个采样时间,*J7* 就变为低电平,实现了设计要求。

图 SY10-8　脉冲源参数

步骤三：连线及仿真

根据逻辑表达式，$J4$、$J5$、$J6$、$J7$ 连接到 $Y0$ 的输入端，$J2$、$J3$、$J6$、$J7$ 连接到 $Y1$ 的输入端，$J1$、$J3$、$J5$、$J7$ 连接到 $Y2$ 的输入端，然后用示波器 Scope1 监视 $Y2$、$Y1$、$Y0$ 的输出；另外，将 $J0\sim J3$ 连接到 Scope2、$J4\sim J7$ 连接到 Scope3，以监视 $J0\sim J7$ 这 8 个波形，结果如图 SY10-9 所示。

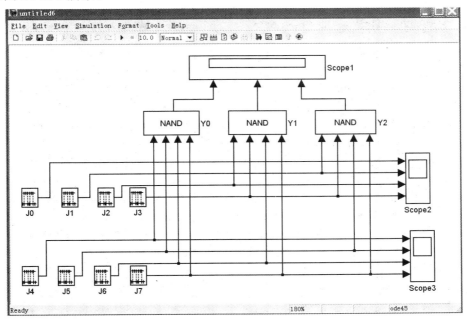

图 SY10-9　连线

连接完成后，即可运行仿真(仿真参数采用默认设置即可)。仿真结束后，双击 Scope1～Scope3 观察波形结果，如图 SY10-10 所示。

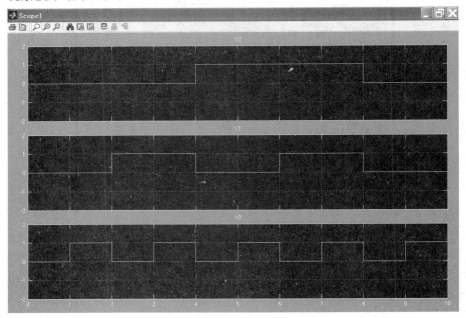

图 SY10-10　输出波形

图 SY10-10 是编码器的输出波形，从图中可以看出，输出的三位二进制码(Y2Y1Y0)依次是：000、001、010、011、100、101、110、111，实现了编码的功能。

Scope2 显示 $J0～J3$ 的输入波形，如图 SY10-11 所示。

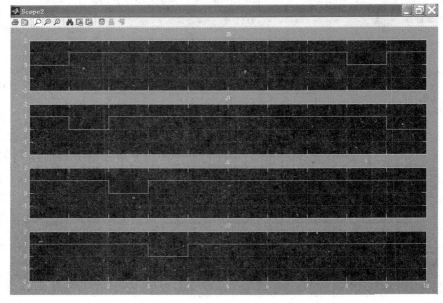

图 SY10-11　$J0～J3$ 波形

Scope3 显示 $J4 \sim J7$ 的输入波形，如图 SY10-12 所示。

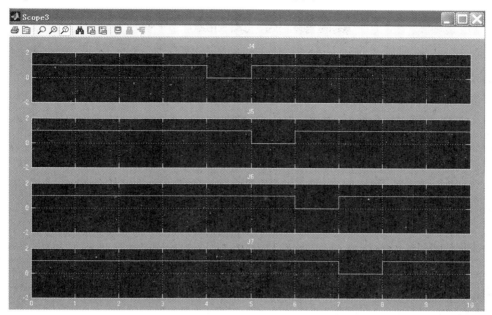

图 SY10-12　$J4 \sim J7$ 波形

从图 SY10-11 与图 SY10-12 中可以看到，$J0 \sim J7$ 以 8 为周期，依次出现 0 电平。

参 考 文 献

[1] 刘国良，杨成慧．MTALAB 程序设计基础教程．西安：西安电子科技大学出版社，2010.

[2] 秦襄培．MATLAB 图像处理与界面编程宝典．北京：电子工业出版社，2009.

[3] 彭珍瑞，董海棠．控制工程基础．北京：高等教育出版社，2008.

[4] 常巍，谢光军，黄朝峰．MATLAB R2007 基础与提高．北京：电子工业出版社，2007.

[5] [美]帕尔门．MATLAB7 基础教程——面向工程应用．黄开枝，译．北京：清华大学出版社，2007.

[6] 周开利，邓春晖．MATLAB 基础及其应用教程．北京：北京大学出版社，2006.

[7] 王家文，王皓，刘海．MATLAB 7.0 编程基础．北京．机械工业出版社，2005.

[8] 飞思科技产品研发中心．MATLAB 7 基础与提高．北京：电子工业出版社，2005.

[9] 姚俊，马松辉．MATLAB 基础与编程入门．西安：西安电子科技大学出版社，2004.

[10] 张威．MATLAB 基础与编程入门．西安：西安电子科技大学出版社，2004.

[11] 苏金明，王永利．MATLAB 7.0 使用指南(上册)．北京：电子工业出版社，2004.

[12] 张智星．MATLAB 程序设计及其应用．北京：清华大学出版社，2002.

[13] 刘卫国．MATLAB 程序设计与应用．北京：高等教育出版社，2002.

[14] 姚俊，马松辉．Simulink 建模与仿真．西安：西安电子科技大学出版社，2002.

[15] 刘卫国．科学计算与 MATLAB 语言．北京：中国铁道出版社，2000.

北京大学出版社本科电气信息系列实用规划教材

序号	书名	书号	编著者	定价	出版年份	教辅及获奖情况
		物联网工程				
1	物联网概论	7-301-23473-0	王 平	38	2014	电子课件/答案,有"多媒体移动交互式教材"
2	物联网概论	7-301-21439-8	王金甫	42	2012	电子课件/答案
3	现代通信网络	7-301-24557-6	胡珺珺	38	2014	电子课件/答案
4	物联网安全	7-301-24153-0	王金甫	43	2014	电子课件/答案
5	通信网络基础	7-301-23983-4	王昊	32	2014	
6	无线通信原理	7-301-23705-2	许晓丽	42	2014	电子课件/答案
7	家居物联网技术开发与实践	7-301-22385-7	付蔚	39	2013	电子课件/答案
8	物联网技术案例教程	7-301-22436-6	崔逊学	40	2013	电子课件
9	传感器技术及应用电路项目化教程	7-301-22110-5	钱裕禄	30	2013	电子课件/视频素材,宁波市教学成果奖
10	网络工程与管理	7-301-20763-5	谢 慧	39	2012	电子课件/答案
11	电磁场与电磁波(第2版)	7-301-20508-2	邬春明	32	2012	电子课件/答案
12	现代交换技术(第2版)	7-301-18889-7	姚 军	36	2013	电子课件/习题答案
13	传感器基础(第2版)	7-301-19174-3	赵玉刚	32	2013	视频
14	物联网基础与应用	7-301-16598-0	李蔚田	44	2012	电子课件
15	通信技术实用教程	7-301-25386-1	谢 慧	36	2015	电子课件/习题答案
16	物联网工程应用与实践	7-301-19853-7	于继明	39	2015	
		单片机与嵌入式				
1	嵌入式 ARM 系统原理与实例开发(第2版)	7-301-16870-7	杨宗德	32	2011	电子课件/素材
2	ARM 嵌入式系统基础与开发教程	7-301-17318-3	丁文龙 李志军	36	2010	电子课件/习题答案
3	嵌入式系统设计及应用	7-301-19451-5	邢吉生	44	2011	电子课件/实验程序素材
4	嵌入式系统开发基础-----基于八位单片机的 C 语言程序设计	7-301-17468-5	侯殿有	49	2012	电子课件/答案/素材
5	嵌入式系统基础实践教程	7-301-22447-2	韩 磊	35	2013	电子课件
6	单片机原理与接口技术	7-301-19175-0	李 升	46	2011	电子课件/习题答案
7	单片机系统设计与实例开发(MSP430)	7-301-21672-9	顾 涛	44	2013	电子课件/答案
8	单片机原理与应用技术	7-301-10760-7	魏立峰 王宝兴	25	2009	电子课件
9	单片机原理及应用教程(第2版)	7-301-22437-3	范立南	43	2013	电子课件/习题答案,辽宁"十二五"教材
10	单片机原理与应用及 C51 程序设计	7-301-13676-8	唐 颖	30	2011	电子课件
11	单片机原理与应用及其实验指导书	7-301-21058-1	邵发森	44	2012	电子课件/答案/素材
12	MCS-51 单片机原理及应用	7-301-22882-1	黄翠翠	34	2013	电子课件/程序代码
		物理、能源、微电子				
1	物理光学理论与应用(第2版)	7-301-26024-1	宋贵才	46	2015	电子课件/习题答案,"十二五"普通高等教育本科国家级规划教材
2	现代光学	7-301-23639-0	宋贵才	36	2014	电子课件/答案
3	平板显示技术基础	7-301-22111-2	王丽娟	52	2013	电子课件/答案
4	集成电路版图设计	7-301-21235-6	陆学斌	32	2012	电子课件/习题答案
5	新能源与分布式发电技术	7-301-17677-1	朱永强	32	2010	电子课件/习题答案,北京市精品教材,北京市"十二五"教材
6	太阳能电池原理与应用	7-301-18672-5	靳瑞敏	25	2011	电子课件

序号	书名	书号	编著者	定价	出版年份	教辅及获奖情况
7	新能源照明技术	7-301-23123-4	李姿景	33	2013	电子课件/答案
基 础 课						
1	电工与电子技术(上册)(第2版)	7-301-19183-5	吴舒辞	30	2011	电子课件/习题答案，湖南省"十二五"教材
2	电工与电子技术(下册)(第2版)	7-301-19229-0	徐卓农　李士军	32	2011	电子课件/习题答案，湖南省"十二五"教材
3	电路分析	7-301-12179-5	王艳红　蒋学华	38	2010	电子课件，山东省第二届优秀教材奖
4	模拟电子技术实验教程	7-301-13121-3	谭海曙	24	2010	电子课件
5	运筹学(第2版)	7-301-18860-6	吴亚丽　张俊敏	28	2011	电子课件/习题答案
6	电路与模拟电子技术	7-301-04595-4	张绪光　刘在娥	35	2009	电子课件/习题答案
7	微机原理及接口技术	7-301-16931-5	肖洪兵	32	2010	电子课件/习题答案
8	数字电子技术	7-301-16932-2	刘金华	30	2010	电子课件/习题答案
9	微机原理及接口技术实验指导书	7-301-17614-6	李干林　李升	22	2010	课件(实验报告)
10	模拟电子技术	7-301-17700-6	张绪光　刘在娥	36	2010	电子课件/习题答案
11	电工技术	7-301-18493-6	张莉　张绪光	26	2011	电子课件/习题答案，山东省"十二五"教材
12	电路分析基础	7-301-20505-1	吴舒辞	38	2012	电子课件/习题答案
13	模拟电子线路	7-301-20725-3	宋树祥	38	2012	电子课件/习题答案
14	数字电子技术	7-301-21304-9	秦长海　张天鹏	49	2013	电子课件/答案，河南省"十二五"教材
15	模拟电子与数字逻辑	7-301-21450-3	邬春明	39	2012	电子课件
16	电路与模拟电子技术实验指导书	7-301-20351-4	唐颖	26	2012	部分课件
17	电子电路基础实验与课程设计	7-301-22474-8	武林	36	2013	部分课件
18	电文化——电气信息学科概论	7-301-22484-7	高心	30	2013	
19	实用数字电子技术	7-301-22598-1	钱裕禄	30	2013	电子课件/答案/其他素材
20	模拟电子技术学习指导及习题精选	7-301-23124-1	姚娅川	30	2013	电子课件
21	电工电子基础实验及综合设计指导	7-301-23221-7	盛桂珍	32	2013	
22	电子技术实验教程	7-301-23736-6	司朝良	33	2014	
23	电工技术	7-301-24181-3	赵莹	46	2014	电子课件/习题答案
24	电子技术实验教程	7-301-24449-4	马秋明	26	2014	
25	微控制器原理及应用	7-301-24812-6	丁筱玲	42	2014	
26	模拟电子技术基础学习指导与习题分析	7-301-25507-0	李大军　唐颖	32	2015	电子课件/习题答案
27	电工学实验教程（第2版）	7-301-25343-4	王士军　张绪光	27	2015	
28	微机原理及接口技术	7-301-26063-0	李干林	42	2015	电子课件/习题答案
29	简明电路分析	7-301-26062-3	姜涛	48	2015	电子课件/习题答案
电子、通信						
1	DSP技术及应用	7-301-10759-1	吴冬梅　张玉杰	26	2011	电子课件，中国大学出版社图书奖首届优秀教材奖一等奖
2	电子工艺实习	7-301-10699-0	周春阳	19	2010	电子课件
3	电子工艺学教程	7-301-10744-7	张立毅　王华奎	32	2010	电子课件，中国大学出版社图书奖首届优秀教材奖一等奖
4	信号与系统	7-301-10761-4	华容　隋晓红	33	2011	电子课件
5	信息与通信工程专业英语(第2版)	7-301-19318-1	韩定定　李明明	32	2012	电子课件/参考译文，中国电子教育学会2012年全国电子信息类优秀教材
6	高频电子线路(第2版)	7-301-16520-1	宋树祥　周冬梅	35	2009	电子课件/习题答案

序号	书名	书号	编著者	定价	出版年份	教辅及获奖情况
7	MATLAB 基础及其应用教程	7-301-11442-1	周开利　邓春晖	24	2011	电子课件
8	计算机网络	7-301-11508-4	郭银景　孙红雨	31	2009	电子课件
9	通信原理	7-301-12178-8	隋晓红　钟晓玲	32	2007	电子课件
10	数字图像处理	7-301-12176-4	曹茂永	23	2007	电子课件，"十二五"普通高等教育本科国家级规划教材
11	移动通信	7-301-11502-2	郭俊强　李　成	22	2010	电子课件
12	生物医学数据分析及其 MATLAB 实现	7-301-14472-5	尚志刚　张建华	25	2009	电子课件/习题答案/素材
13	信号处理 MATLAB 实验教程	7-301-15168-6	李　杰　张　猛	20	2009	实验素材
14	通信网的信令系统	7-301-15786-2	张云麟	24	2009	电子课件
15	数字信号处理	7-301-16076-3	王震宇　张培珍	32	2010	电子课件/答案/素材
16	光纤通信	7-301-12379-9	卢志茂　冯进玫	28	2010	电子课件/习题答案
17	离散信息论基础	7-301-17382-4	范九伦　谢　勰	25	2010	电子课件/习题答案
18	光纤通信	7-301-17683-2	李丽君　徐文云	26	2010	电子课件/习题答案
19	数字信号处理	7-301-17986-4	王玉德	32	2010	电子课件/答案/素材
20	电子线路 CAD	7-301-18285-7	周荣富　曾　技	41	2011	电子课件
21	MATLAB 基础及应用	7-301-16739-7	李国朝	39	2011	电子课件/答案/素材
22	信息论与编码	7-301-18352-6	隋晓红　王艳营	24	2011	电子课件/习题答案
23	现代电子系统设计教程	7-301-18496-7	宋晓梅	36	2011	电子课件/习题答案
24	移动通信	7-301-19320-4	刘维超　时　颖	39	2011	电子课件/习题答案
25	电子信息类专业 MATLAB 实验教程	7-301-19452-2	李明明	42	2011	电子课件/习题答案
26	信号与系统	7-301-20340-8	李云红	29	2012	电子课件
27	数字图像处理	7-301-20339-2	李云红	36	2012	电子课件
28	编码调制技术	7-301-20506-8	黄　平	26	2012	电子课件
29	Mathcad 在信号与系统中的应用	7-301-20918-9	郭仁春	30	2012	
30	MATLAB 基础与应用教程	7-301-21247-9	王月明	32	2013	电子课件/答案
31	电子信息与通信工程专业英语	7-301-21688-0	孙桂芝	36	2012	电子课件
32	微波技术基础及其应用	7-301-21849-5	李泽民	49	2013	电子课件/习题答案/补充材料等
33	图像处理算法及应用	7-301-21607-1	李文书	48	2012	电子课件
34	网络系统分析与设计	7-301-20644-7	严承华	39	2012	电子课件
35	DSP 技术及应用	7-301-22109-9	董　胜	39	2013	电子课件/答案
36	通信原理实验与课程设计	7-301-22528-8	邬春明	34	2015	电子课件
37	信号与系统	7-301-22582-0	许丽佳	38	2013	电子课件/答案
38	信号与线性系统	7-301-22776-3	朱明早	33	2013	电子课件/答案
39	信号分析与处理	7-301-22919-4	李会容	39	2013	电子课件/答案
40	MATLAB 基础及实验教程	7-301-23022-0	杨成慧	36	2013	电子课件/答案
41	DSP 技术与应用基础(第 2 版)	7-301-24777-8	俞一彪	45	2015	
42	EDA 技术及数字系统的应用	7-301-23877-6	包　明	55	2015	
43	算法设计、分析与应用教程	7-301-24352-7	李文书	49	2014	
44	Android 开发工程师案例教程	7-301-24469-2	倪红军	48	2014	
45	ERP 原理及应用	7-301-23735-9	朱宝慧	43	2014	电子课件/答案
46	综合电子系统设计与实践	7-301-25509-4	武　林　陈　希	32(估)	2015	
47	高频电子技术	7-301-25508-7	赵玉刚	29	2015	电子课件
48	信息与通信专业英语	7-301-25506-3	刘小佳	29	2015	电子课件
49	信号与系统	7-301-25984-9	张建奇	45	2015	电子课件
50	数字图像处理及应用	7-301-26112-5	张培珍	36	2015	电子课件/习题答案
51	激光技术与光纤通信实验	7-301-26609-0	周建华　兰　岚	28	2015	

序号	书名	书号	编著者	定价	出版年份	教辅及获奖情况
	自动化、电气					
1	自动控制原理	7-301-22386-4	佟威	30	2013	电子课件/答案
2	自动控制原理	7-301-22936-1	邢春芳	39	2013	
3	自动控制原理	7-301-22448-9	谭功全	44	2013	
4	自动控制原理	7-301-22112-9	许丽佳	30	2015	
5	自动控制原理	7-301-16933-9	丁红 李学军	32	2010	电子课件/答案/素材
6	现代控制理论基础	7-301-10512-2	侯媛彬等	20	2010	电子课件/素材，国家级"十一五"规划教材
7	计算机控制系统(第2版)	7-301-23271-2	徐文尚	48	2013	电子课件/答案
8	电力系统继电保护(第2版)	7-301-21366-7	马永翔	42	2013	电子课件/习题答案
9	电气控制技术(第2版)	7-301-24933-8	韩顺杰 吕树清	28	2014	电子课件
10	自动化专业英语(第2版)	7-301-25091-4	李国厚 王春阳	46	2014	电子课件/参考译文
11	电力电子技术及应用	7-301-13577-8	张润和	38	2008	电子课件
12	高电压技术	7-301-14461-9	马永翔	28	2009	电子课件/习题答案
13	电力系统分析	7-301-14460-2	曹娜	35	2009	
14	综合布线系统基础教程	7-301-14994-2	吴达金	24	2009	电子课件
15	PLC原理及应用	7-301-17797-6	缪志农 郭新年	26	2010	电子课件
16	集散控制系统	7-301-18131-7	周荣富 陶文英	36	2011	电子课件/习题答案
17	控制电机与特种电机及其控制系统	7-301-18260-4	孙冠群 于少娟	42	2011	电子课件/习题答案
18	电气信息类专业英语	7-301-19447-8	缪志农	40	2011	电子课件/习题答案
19	综合布线系统管理教程	7-301-16598-0	吴达金	39	2012	电子课件
20	供配电技术	7-301-16367-2	王玉华	49	2012	电子课件/习题答案
21	PLC技术与应用(西门子版)	7-301-22529-5	丁金婷	32	2013	电子课件
22	电机、拖动与控制	7-301-22872-2	万芳瑛	34	2013	电子课件/答案
23	电气信息工程专业英语	7-301-22920-0	余兴波	26	2013	电子课件/译文
24	集散控制系统(第2版)	7-301-23081-7	刘翠玲	36	2013	电子课件，2014年中国电子教育学会"全国电子信息类优秀教材"一等奖
25	工控组态软件及应用	7-301-23754-0	何坚强	49	2014	电子课件/答案
26	发电厂变电所电气部分(第2版)	7-301-23674-1	马永翔	48	2014	电子课件/答案
27	自动控制原理实验教程	7-301-25471-4	丁红 贾玉瑛	29	2015	
28	自动控制原理（第2版）	7-301-25510-0	袁德成	35	2015	电子课件，辽宁省"十二五"教材
29	电机与电力电子技术	7-301-25736-4	孙冠群	45	2015	电子课件/答案

如您需要更多教学资源如电子课件、电子样章、习题答案等，请登录北京大学出版社第六事业部官网 www.pup6.cn 搜索下载。

如您需要浏览更多专业教材，请扫下面的二维码，关注北京大学出版社第六事业部官方微信（微信号：pup6book），随时查询专业教材、浏览教材目录、内容简介等信息，并可在线申请纸质样书用于教学。

感谢您使用我们的教材，欢迎您随时与我们联系，我们将及时做好全方位的服务。联系方式：010-62750667，szheng_pup6@163.com，pup_6@163.com，lihu80@163.com，欢迎来电来信。客户服务QQ号：1292552107，欢迎随时咨询。